长三角城市群区域气候变化评估报告

本书编委会　编

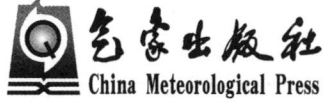

气象出版社
China Meteorological Press

内容简介

本书对长三角城市群地区的气候变化基本事实、城市生命线领域影响以及长三角地区核心城市脆弱性等级进行了科学评估，是我国首份城市级别的气候变化评估报告。本书以满足城市适应气候变化需求为目标，旨在为城市应对气候变化工作提供科学认识和基础支撑。

研究结果表明：1981—2010 年，长三角地区年平均气温的线性增长率为 0.59℃/10 年，苏州是长三角地区升温最显著的城市，极端高温日数和持续高温日数显著增加；1981—2010 年，长三角地区平均年降水量略有减小，呈现出年代际振荡的特征；气候变化也影响到了台风、雾和雷暴等方面。本书还评估了气候变化对交通、水资源和能源安全等领域的影响；对长三角地区核心城市进行了脆弱性等级评估并提出了适应性对策。

本书可供地方决策部门以及气象、经济、水文、海洋、农业等领域的科研人员参考使用。

图书在版编目（CIP）数据

长三角城市群区域气候变化评估报告 /《长三角城市群区域气候变化评估报告》编委会编. -- 北京 ：气象出版社，2016.11

ISBN 978-7-5029-6452-8

Ⅰ.①长… Ⅱ.①长… Ⅲ.①长江三角洲-城市群-气候变化-研究报告 Ⅳ.①P468.25

中国版本图书馆 CIP 数据核字（2016）第 259645 号

出版发行：气象出版社

地　　址：北京市海淀区中关村南大街 46 号　　　　**邮政编码**：100081

电　　话：010-68407112（总编室）　010-68409198（发行部）

网　　址：http://www.qxcbs.com　　　　**E-mail**：qxcbs@cma.gov.cn

责任编辑：陈　红　　　　　　　　　　　　**终　　审**：邵俊年

责任校对：王丽梅　　　　　　　　　　　　**责任技编**：赵相宁

封面设计：博雅思企划

印　　刷：北京中新伟业印刷有限公司

开　　本：787 mm×1092 mm　1/16　　　　**印　　张**：6.25

字　　数：155 千字　　　　　　　　　　　　**彩　　插**：2

版　　次：2016 年 11 月第 1 版　　　　　　　**印　　次**：2016 年 11 月第 1 次印刷

定　　价：30.00 元

《长三角城市群区域气候变化评估报告》
编委会

穆海振 （上海市气候中心）

侯依玲 （上海市气候中心）

吴 蔚 （上海市气候中心）

史 军 （上海市气候中心）

梁卓然 （上海市气候中心）

董广涛 （上海市气候中心）

梁 萍 （上海市气候中心）

田 展 （上海市气候中心）

刘校辰 （上海市气候中心）

姚益平 （浙江省气候中心）

樊高峰 （浙江省气候中心）

高大伟 （浙江省气候中心）

郁珍艳 （浙江省气候中心）

许遐祯 （江苏省气候中心）

肖 卉 （江苏省气候中心）

陈钰文 （江苏省气候中心）

谢欣露 （中国社会科学院城市发展与环境研究所）

王建武 （中国社会科学院城市发展与环境研究所）

陈蔚镇 （同济大学）

于宏源 （上海国际问题研究院）

雍 怡 （世界自然基金会）

田 亮 （南京信息工程大学）

《长三角城市群区域气候变化评估报告》
评审专家

陈　迎　（研究员，中国社会科学院城市发展与环境研究所）

刘洪滨　（研究员，国家气候中心）

李庆祥　（研究员，国家气象信息中心）

李栋梁　（研究员，南京信息工程大学）

周冯琦　（研究员，上海社会科学院）

前　言

长江三角洲城市群位于我国大陆东部沿海,区域面积约为 21.17 万 km²,总人口约 1.5亿,是我国城市化程度最高、城镇分布最密集、经济发展水平最高的地区,并逐步成为"世界第六大城市群"。它以上海为中心,南京、杭州为副中心,包括江苏的扬州、泰州、南通、镇江、常州、无锡、苏州,浙江的嘉兴、湖州、绍兴、宁波、舟山、台州,共 16 个城市及其所辖的 75 个县市,以沪杭、沪宁高速公路以及多条铁路为纽带,形成一个有机的整体。

城市群作为城市分布的密集区,人口、产业、基础设施等高度集中,面临的环境和灾害问题更复杂,风险和威胁更多。长三角地区是我国冷暖气团交绥之区,天气变化复杂,旱涝、低温、阴湿、台风等气候灾害时有发生。随着城市化进程的加快,长三角局地气候发生明显变化,而随着人口、工业地的聚集使气象灾害的破坏力也大大加强。为提高长三角城市群应对气候变化能力,迫切需要开展针对城市群区域的气候变化风险评估。

本书是在中国气象局 2012 年气候变化专项的支持下,由上海市气候中心组织,联合江苏省气候中心、浙江省气候中心、中国社会科学院城市发展与环境研究所、同济大学、上海国际问题研究院、世界自然基金会和南京信息工程大学等单位 20 余位长期从事气候变化基础研究和气候变化政策分析专家开展了长三角城市群的气候变化评估工作,旨在为长三角城市群应对气候变化工作提供科学认识和基础支撑。

全书共分 7 章,在全面介绍国内外城市群应对气候变化的现状和行动的基础上,以长三角城市群为例,深入分析了气候变化事实和未来可能变化趋势,构建评价模型科学评估城市应对气候变化的脆弱性,选择典型城市并特别围绕交通、水资源和能源安全等气候变化主要影响领域展开讨论,最后提出城市群可能的适应性措施。

各章节编写者如下:

前言　穆海振　吴　蔚

执行摘要　侯依玲　吴　蔚

第 1 章　王建武　梁卓然　田　展　刘校辰

第 2 章　王建武　梁卓然　田　展　刘校辰

第 3 章　吴　蔚　史　军　董广涛　侯依玲　陈蔚镇　田　亮

第 4 章　谢欣露

第 5 章　侯依玲　陈钰文　高大伟　梁　萍

第 6 章　肖　卉　郁珍艳　雍　怡

第 7 章　王建武

统稿人　吴　蔚　侯依玲

此外,本书在编写和出版期间,得到了多方的帮助和支持。中国气象局科技与气候变化司何勇处长在项目协调、规划和组织等方面给予了大力支持,上海国际问题研究院于宏源研究员、上海台风研究所陈葆德研究员、上海气象科学研究所谈建国研究员、复旦大学王祥荣教授、上海社会科学院周冯琦研究员、世界自然基金会任文伟主任、王倩主管、上海市节能监测中心吴永康高工、上海市水利工程设计研究院刘新成高工、上海市城市综合交通规划研究所董志国主任对本书的提纲和内容提供了宝贵的意见。同时,非常感谢参加编写的全体同仁以及江苏省气候中心和浙江省气候中心在工作组织上给予的支持。

本书是国内首部城市群级别的气候变化综合评估报告,可供地方决策部门以及气象、经济、水文、海洋、农业等领域的科研人员参考使用。由于水平有限,错误和不当之处,盼读者指正。

编者

2016 年 7 月 18 日

目　录

执行摘要

1 气候变化事实、趋势及预估

1.1 气候变化事实

本报告中选取 118.09°～122.94°E,27.82°～33.85°N 范围内 140 个气象基准站、基本站和一般站进行气温和降水的气候变化趋势分析,选取 32 个气象基准站、基本站进行高影响天气趋势分析。

气温 1981—2010 年,整个长三角地区年平均气温的线性增温率为 0.59℃/10 年,其中苏州(0.94℃/10 年)是长三角 16 个城市中增温率最高的城市。长三角地区年平均气温升温率北部高于南部,以上海、杭州为转折点,贯穿南京、扬州、常州、无锡、苏州、嘉兴、绍兴、宁波、台州,呈现"Z"字型的热岛分布格局。

降水 1981—2010 年,整个长三角地区平均年降水量略有减少,其中,20 世纪 80 年代末至 90 年代初期和 90 年代末至 21 世纪初期为降水偏多期,20 世纪 90 年代中期和 21 世纪前 10 年中后期为降水偏少期。江苏和上海年降水量主要以增加为主,浙江年降水量主要以减少为主。

高影响天气 1981—2010 年,长三角地区极端高温日数(日最高气温≥35℃的日数)以 4.6 d/10 年的线性趋势显著增加,持续高温日数(日最低气温≥28℃的持续日数)以 0.7 d/10 年的线性趋势显著增加。暴雨日数没有呈显著变化趋势,雷暴日数呈减少的变化特征,但变化趋势在统计上不显著。大风日数以 2.9 d/10 年的线性趋势显著减少,雾日数以 6.8 d/10 年的线性趋势显著减少。

1.2 气候变化预估

气温和降水 利用 NCAR_CCSM 3 全球模式的预估资料驱动 RegCM3,开展 A1B 中等排放情景下 2011—2030 年中国东部地区高分辨区域气温和降水的预估。结果表明:整个长三角地区均为升温趋势,但是高温日数在浙江东北部沿海和上海呈微弱减少趋势;除了江苏中东部,长三角大部分地区年降水量呈增加趋势,其中江苏南部、浙江北部和中部部分地区以及上海中北部强降水增加趋势明显。

热带气旋 利用 MIROC-ESM-CHEM 模式月尺度资料和热带气旋最佳路径数据集,通过对热带气旋异常年份大气环流背景(西北太平洋副热带高压、环境风垂直切变)的分析,预估了 2011—2040 年中等排放情景(RCP4.5)和高等排放情景(RCP8.5)下热带气旋的可能变化特征。结果表明:热带气旋的发生频数可能减少,2011—2020 年热带气旋减少的趋势最大,2031—2040 年次之,2020—2030 减少的趋势最小。

2　气候变化对城市生命线的影响

2.1　交通

气候变化对交通的影响主要体现在极端天气气候事件趋多增强,交通承受力变弱,承担气象灾害的风险加大,对于地区交通网络构成了严重的威胁。气候变化大背景下所有交通运输过程都会受到一定的气象条件影响,浓雾、强降水、雨雪冰冻、强风、雷电等都是影响交通安全和运输质量的主要气象灾害,并且影响范围大、波及面广。

对城市交通的影响　强降水导致低洼地带或排水系统出现问题,城市路段容易出现深积水,造成汽车进水、发动机熄火,严重影响车辆行驶,甚至使局部交通陷入瘫痪;较强的降雪和雨夹雪天气过后,由于气温下降,在路面形成积雪甚至冰冻,给城市居民生活、生产带来很多不便。

对城际交通安全的影响　高速公路连接各大城市,近些年高温日数增多,造成交通事故明显增加。高温天气会对交通工具和交通设施有影响,包括沥青软化引起的路面承载能力降低、汽车爆胎和自燃等;高温天气容易使司机和行人的机敏度和判断力下降,从而酿成交通事故。研究表明,日最高气温≥35℃的日均交通事故指数高于夏季日均交通事故指数。

预计的可能影响　未来长三角地区经济和生活出行对交通的依赖性更加显著,一方面城市交通运输业继续快速发展,另一方面气候变化大背景下极端天气气候事件趋多增强。未来长三角大部分地区降水量呈增加趋势,气温呈升高趋势。因此,建立和完善规范化、专业化的气象交通服务体系势在必行。加强交通气象灾害监测预警建设,提供实时准确的应急服务,预防灾害性天气危害越来越重要;对重点地区、重点季节、重大活动进行气象灾害的重点防范,提升运输系统应对气候变化的能力;宣传绿色交通理念,大力提倡公共交通,鼓励和引导公众参与公共交通的建设与使用,对提高交通的安全保障水平、保护公众的生命和财产安全具有深远的意义。

2.2　水安全

在气候变化背景下的城市化发展以及土地利用、土地覆被造成了该区域自然环境承载力与社会经济发展存在严重的不平衡,水质型缺水、水环境恶化和城市内涝等已经成为目前长三角地区城市水资源环境安全面临的主要问题。

对城市供水的影响　干旱引起的缺水和冬季低温导致的水管破裂是影响城市供水的主要两方面因素。自 1961 年以来长三角地区达到中等较明显的干旱年共 26 年,基本为 1.8 年一遇,其中 1978 年最重,其次为 1967 年、1968 年、1979 年、2003 年、2004 年、1994 年和 1966 年,这些年都达到特旱年等级,干旱的持续时间都超过 100 d,城市供水压力剧增;如 2003—2004 年上半年浙江省遭遇了新中国成立以来罕见的严重干旱,海岛以及宁波、义乌、永康、慈溪、温岭、乐清等 20 余个城市出现供水告急情况。冬季气温降低容易导致供水管道和设施产生明显的热胀冷缩,极易造成节口松动和管体、水表玻璃爆裂,对居民正常供水都会产生不利影响。如由于天气寒冷,加之水管老化,上海曾多次发生地下水管爆裂。

对城市饮水的影响 气候变暖导致水温升高,水体富营养化日益严重是造成蓝藻生长和暴发的主要原因,同时全球气候变暖、水温升高也是蓝藻暴发的诱因。如 2007 年 5 月太湖蓝藻提前暴发,无锡市贡湖水源地蓝藻堆积死亡形成黑水团事件,导致无锡市自来水恶臭,让无锡陷入了长达几天的饮用水危机并引发了震惊中外的无锡饮水危机。家中水管里流出的恶臭自来水引起了市民的恐慌,并纷纷抢购各种纯净水,一时间无锡市各超市的纯净水被抢购一空。

对城市防汛排涝的影响 台风、典型梅雨引发的暴雨以及连阴雨是产生城市内涝积水的主要因素。如 2011 年 6 月 3 日后,浙江省发生旱涝急转,至 20 日浙江省的北部和中部出现了历史上罕见的连续暴雨和强降水天气过程,17 d 内出现了 16 个暴雨日,钱塘江流域暴雨强度为 50 年来之最,造成钱塘江流域、太湖流域的东苕溪及杭嘉湖平原等地发生流域性洪水,洪涝灾害严重。1949 年以来影响及登陆长三角地区的台风数没有呈现增加趋势,但台风的强度却明显增强。台风来得更早,去得更晚,而且严重影响长三角地区的台风强度增大。

预计未来可能的影响 ①大城市地区极端高温天气的增多将进一步导致城市供水紧张,对现有的城市供水系统是一个较大的考验;②极端降水事件增多和时空分布不均,对城市现有的防汛排涝市政设施和蓄水工程系统及其科学合理调度也是一个较大的挑战;③由于可利用的水资源减少,盲目、不科学地开采地下水资源所可能导致的地面沉降发生频次增加,危害加重;④气候变暖导致海平面上升,海岸线及沿海部分城市有被淹没的风险;⑤若将来太湖蓝藻生长所需的营养盐浓度得不到有效的控制和明显的降低,气候变暖所导致的湖水水温升高将利于蓝藻水华的繁殖和维持,不排除再次大面积暴发的可能。

2.3 能源

气候变化对于能源消费的影响主要体现在生活能源的消耗方面。长三角地区近 20 年能源消费总量显著增长,特别是 2000 年后以年均 11.6% 的速度递增。电力消耗是长三角城市群的主要消耗能源,其消费量的增长速度也最快,如长三角最大城市上海的电力消费量 2010 年相比 1990 年增加了 509.42 亿 kW·h。

对用电负荷的影响 夏季用电高峰期间若出现持续性高温或极端高温,则空调制冷负荷的迅猛增长将造成大城市电网用电负荷的大幅攀升。例如,夏季日最高气温 ≥35℃ 和日最低气温 ≥28℃ 的持续出现将对用电负荷有重要影响。据调查,上海夏季若温度每升高 1℃,电网用电负荷将增加约 70×10⁴ kW;江苏 7—9 月日平均气温每增加 0.1℃,该月平均日最高电力负荷分别会相应增长 2.3×10⁴ kW、4.1×10⁴ kW 和 2.5×10⁴ kW。

对制冷、采暖需求的影响 总体来看,气候变暖大幅度增加了长三角城市群制冷能耗,但减少了采暖能耗。年均制冷日数表现为南多北少,先减少后增加的趋势:1960 年夏季制冷日数高于常年平均值,20 世纪 70—80 年代较低,90 年代开始增加,其中江苏 1994 年夏季制冷度日数最多为 226.2℃·d。冬季采暖日数 80 年代中后期开始迅速减少,其中浙江以 96.4℃·d/10 年的速率急剧下降,但年际波动较大。

对风能开发利用的影响 气候变化将改变风力分布,对风力发电产生影响。1956—2004 年,东南沿海地区风速减小显著,主导风向的平均风速每 10 年减小 0.3 m/s。平均风速下降将减少风力发电机的发电量。

预计的可能影响 减缓全球气候变化首先要减少温室气体排放,化石能源消费将受到限制;2011—2030 年随着整个长三角地区年平均温度的进一步升高,长三角城市群伴随城市化进一步发展,城市热岛效应预计更加显著,气温升高将对夏季降温的电力需求产生较大的影响;极端天气气候事件的频发,如强降水和冰冻雨雪天气,也将对水利设施、城市供电设施产生一定影响。

3 气候变化对长三角典型城市的影响

上海 上海为水质性缺水城市,盐水入侵问题一直影响着当地人民的生存和生活环境。上海市通过严格执行水资源管理制度,启动中小河道整治工作,实现了地下水的采灌平衡,控制地面沉降问题,发展多源互补的水源地格局及开展长江口氯度监测和咸潮入侵预警等多方面大量细致的工作,有效地保障了城市供水安全。

南京 气候防护相对落后是南京气候脆弱性最主要的驱动因素,而加强气候防护最关键的措施则是加强电力、水利等基础设施的建设。大风是影响电力输送安全的重要因子,风力过大往往造成电网断线、倒塔现象。通过分析南京地区大风的气候变化规律,并对现有的风资料进行订正,计算可能出现的大风情况,再与现行的行业要求相结合,设计指标正式运用到电网建设工程中,增强了输电线路的安全性,有效地降低了电网设施建设应对气候变化的脆弱性。

舟山 作为海岛城市,其干旱问题一直比较突出。舟山市坚持从海岛实际出发,大力开展大陆引水应急工程建设,开发海水代用和海水淡化工程,修建水库,挖掘岛内蓄水潜力,政府主导更换节水用具,以高效利用水资源。初步形成了以本地水资源、大陆引水和海水淡化组成的供水水源系统,有效提高了供水能力和水资源开发利用效率,确保了全市供水安全。

4 气候变化适应措施

4.1 长三角城市群气候变化脆弱性

最脆弱的城市分别为江苏的泰州市,浙江的舟山市、台州市和湖州市。相对脆弱的城市包括江苏的扬州市、南通市、镇江市及浙江的嘉兴市和绍兴市。最不脆弱的城市分别为上海市、苏州市和无锡市。在社会发展因子上,最脆弱城市有绍兴市、镇江市、泰州市等,最不脆弱的为上海。在气候敏感因子上,最脆弱城市依次为舟山市、台州市、湖州市,最不脆弱的城市为苏州市、常州市、上海市和镇江市等。在制度因子上,脆弱城市较多,如泰州市、上海市、扬州市、南通市等,低脆弱城市有苏州市和台州市。在气候防护因子上,除无锡市外,其他城市脆弱性均较高,说明长三角城市群气候防护设施方面普遍较弱,应引起相关部门的重视。在土地利用因子上,宁波市、杭州市、南通市的脆弱性较高,湖州市、南京市、台州市的脆弱性较低。

气候适应的政策建议主要包括将适应气候变化与气候风险管理纳入城市规划,绘制气候风险区划图,避开高风险区人口和产业布局,加强气候防护;关注老龄人口、贫困人口等气候脆弱群体,完善相关保障制度,促进弱势群体的气候适应;建立城市气候适应治理机制,加强利益相关者的气候适应需求,完善气候治理中的激励和监督机制;促进气候敏感产业的气候适应。

4.2 城市在气候变化适应中的作用

点上行动,体现微观、自发的行为的家庭和社区适应气候变化的应对措施。包括提高自身气候变化认知能力;增加自身适应气候变化保护措施;建立基于小区的气候变化适应的群众交流、宣传和培训平台。

线上措施,体现区域管理制度、技术、工程等适应手段的地方政府适应气候变化的应对措施。包括建立适应气候变化型城市规划;推进城市基础设施建设;建立应对气候变化应急机制;构建绿色城市;提高低收入群体的保障水平。

面上对策,体现协调、统一行动的长三角城市群适应水平与备灾之间的联系。包括制定跨城市间的区域城市发展规划来适应气候变化;建立应对气候变化的联合组织机构;推动城市群的经济、产业协调合作机制和开展基于长三角地区的天气、水文和气候的信息共享平台建设。

第 1 章　绪　　论

气候变化和城市化是使得人类更容易遭受灾害影响的两大因素,这两个因素在城市群相互叠加,而且城市群作为城市分布的密集区,人口、产业、基础设施等高度集中,因此,城市群成为易遭受气候变化引起的灾害侵袭并造成重大损失的高风险区。随着城市化进程的加快和气候变化的影响,淡水短缺、环境污染、生态退化等问题将日趋显现,洪水、干旱等灾害频次和强度增加,易对城市交通、供电、给水等城市生命支撑系统产生重大影响,城市群面临的环境和灾害问题更加复杂,风险和威胁明显增多。

当前关于气候变化与城市化的议题,已经成为全世界的焦点,诸多国际知名机构如政府间气候变化专门委员会(IPCC)、世界银行(WB)、世界经济合作与发展组织(OECD)相继出版了气候变化和城市相关的报告。一些国际性大城市如伦敦、纽约、东京等也分别推出了针对各自城市的气候变化应对行动方案和报告。我国积极开展气候变化影响评估工作,《第一次国家气候变化评估报告》和《第二次国家气候变化评估报告》先后发布,在区域尺度也完成了全国八大区域的气候变化评估报告。但目前为止,还缺少关注城市、城市群与气候变化的评估报告,充分认识到城市群应对气候变化影响的迫切性,加快气候变化对城市群影响的研究,尽快提出应对策略,并将气候变化的影响和适应对策纳入城市区域的各种社会经济发展规划已经成为城市乃至国家层面的战略需要。

1.1　国内外典型城市群介绍

城市群(顾朝林,2011)(又叫城市密集区、城市带、都市圈),指在特定地域范围内具有相当数量的不同性质、类型和等级规模的城市,依托一定的自然环境条件,以一个或两个超大或特大城市作为地区经济的核心,借助现代化的交通工具和综合运输网以及高度发达的信息网络,发展城市之间的联系,共同构成的一个相对完整的城市"集合体"。

20 世纪 50 年代,法国地理学家简·戈特曼提出了"城市群"的衡量标准(Jean Gottmann,1957),即城市群应以 2500 万人口规模和每平方千米 250 人的人口密度为下限。城市群是城市发展到成熟阶段的最高空间组织形式,其规模是国家级甚至超越国家边界的国际级。

1.1.1　国外城市群发展态势

按照简·戈特曼的标准,世界上有五大城市群,如图 1.1 所示。

美国东北部大西洋沿岸城市群。该城市群从波士顿到华盛顿,包括波士顿、纽约、费城、巴尔的摩、华盛顿几个大城市,共 40 个城市(指 10 万人以上的城市)。该城市群长 965 km,宽 48~160 km,面积 13.8×10^4 km²,占美国面积的 1.5%。该区人口 6500 万,占美国总人口的

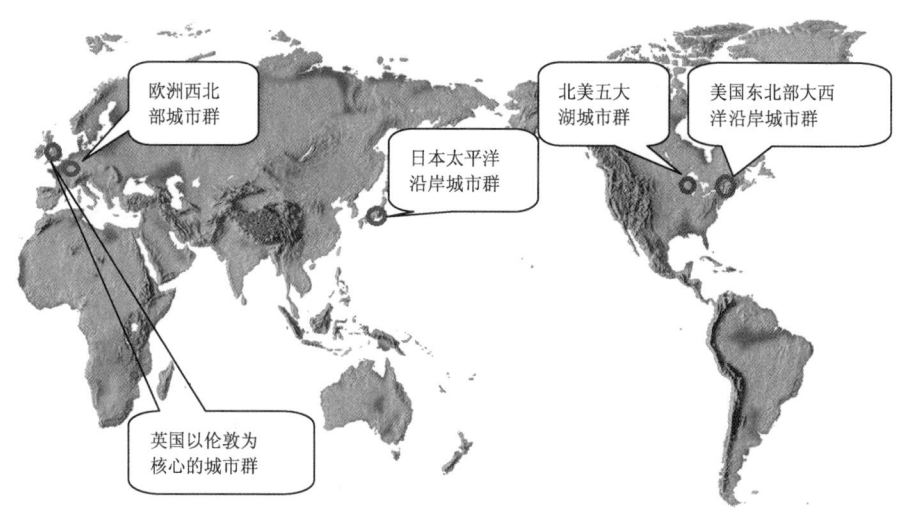

图 1.1　国外城市群分布

20%，城市化水平达到 90% 以上，是美国最大的生产基地和商贸中心，世界最大的国际金融中心。

北美五大湖城市群。该城市群分布于五大湖沿岸，从芝加哥向东到底特律、克利夫兰、匹兹堡，并一直延伸到加拿大的多伦多和蒙特利尔，集中了 20 多个人口达 100 多万以上的大都市，是美国、加拿大工业化程度最高、城市化水平最高的地区。该城市群与美国东北部大西洋沿岸城市群共同构成了北美的制造业带。

日本太平洋沿岸城市群，也称为东海道城市群。一般指从千叶向西，经过东京、横滨、静冈、名古屋，到京都、大阪、神户的范围。该城市群一般分为东京、大阪、名古屋三个城市圈。这个区域面积 $3.5 \times 10^4 km^2$，占日本全国的 6%。人口将近 7000 万，占全国总人口的 61%。

欧洲西北部城市群。这一超级城市带实际上由大巴黎地区城市群、莱茵－鲁尔城市群、荷兰－比利时城市群构成。主要城市有巴黎、阿姆斯特丹、鹿特丹、海牙、安特卫普、布鲁塞尔、科隆等。这个城市带 10 万人口以上的城市有 40 座，总面积 $14.5 \times 10^4 km^2$，总人口 4600 万。

英国以伦敦为核心的城市群。该城市群以伦敦－利物浦为轴线，包括大伦敦地区、伯明翰、谢菲尔德、利物浦、曼彻斯特等大城市以及众多小城镇。这是产业革命后英国主要的生产基地。该城市群面积为 $4.5 \times 10^4 km^2$，人口 3650 万，是英国产业密集带和经济核心区。

1.1.2　国内城市群发展态势

我国城市群已经形成 3＋7 格局，包括 3 个一级城市群和 7 个二级城市群（邓丽君等，2010）。如图 1.2 所示。

长三角城市群[①]。以上海为中心，包括 2 个特大城市（南京和杭州），4 个大城市（无锡、苏州、常州和宁波），16 个中等城市以及所辖 75 个县市。面积约为 21.17 万 km^2，总人口约 1.5 亿，GDP 8.5 万亿元，分别占全国的 1.04%、7.36% 和 21%。

珠三角城市群。以广州、深圳、香港为核心，包括珠海、惠州、东莞、清远、肇庆、佛山、中山、

---

① 　各城市群数据来自 2010 年各省统计年鉴。

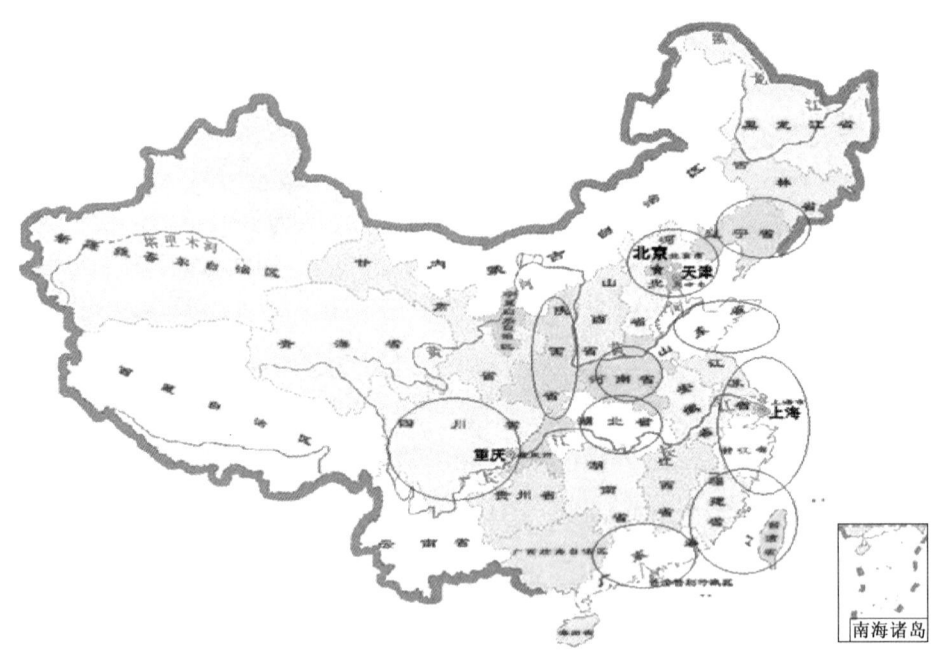

图 1.2　国内城市群分布

江门、澳门等城市所形成的珠三角城市群，面积 $5.47 \times 10^4 \mathrm{km}^2$，人口 4547.14 万，GDP 37388.2 亿元，分别占全国的 0.57%、3.39% 和 9.41%

京津冀城市群。包括北京市、天津市和河北省的石家庄、唐山、保定、秦皇岛、廊坊、沧州、承德、张家口八个地市其所属的通州新城、顺义新城、滨海新区和唐山曹妃甸工业新区。面积 $16.68 \times 10^4 \mathrm{km}^2$，人口 7200 万，GDP 42982 亿元，分别占全国的 1.74%、5.37% 和 10.8%。

山东半岛城市群。以济南、青岛为中心，包括烟台、潍坊、淄博、东营、威海、日照等城市。面积 $7.40 \times 10^4 \mathrm{km}^2$，人口 4710 万，GDP 25222.57 亿元，分别占全国的 0.77%、3.51% 和 6.34%。

辽中南城市群。以沈阳、大连为中心，包括鞍山、抚顺、本溪、丹东、辽阳、营口、盘锦、铁岭等城市。面积 $6.46 \times 10^4 \mathrm{km}^2$，人口 3062 万，GDP 18231 亿元。分别占全国的 0.67%、1.84% 和 4.58%。

中原城市群。以郑州、洛阳为中心，包括开封、新乡、焦作、许昌、平顶山、漯河、济源在内共 9 个省辖(管)市。土地面积 $5.87 \times 10^4 \mathrm{km}^2$，人口 4860 万，GDP 13507 亿元，分别占全国的 0.61%、3.63% 和 3.39%。

长江中游城市群。包括武汉城市圈(武汉、黄冈、黄石、鄂州、孝感、咸宁、仙桃、天门、潜江)，长株潭城市群(长沙、株洲、湘潭)和环鄱阳湖经济圈(景德镇、九江、南昌、鹰潭、上饶)。面积 $24.92 \times 10^4 \mathrm{km}^2$，人口 10586 万，GDP 29053 亿元，分别占全国的 2.6%、7.9% 和 7.3%。

海峡西岸城市群。以福州、厦门市为中心，包括漳州、泉州、莆田、宁德四市。面积 $5.45 \times 10^4 \mathrm{km}^2$，人口 3693 万，GDP 14737.12 亿元，分别占全国的 0.57%、2.05% 和 3.70%。

川渝城市群。是以重庆、成都两市为中心，包括四川的自贡、泸州、德阳、绵阳、遂宁、内江、乐山、南充、眉山、宜宾、广安、雅安、资阳 14 个地级市和渝西经济走廊等市(县)。面积 15.5×

10^4 km²,人口 8100 多万,GDP 24202 亿元,分别占全国的 1.62%、6.06% 和 6.08%。

关中城市群。是以西安为中心,包括咸阳、宝鸡、渭南、铜川、商州等地级城市。面积 7.41 $×10^4$ km²,人口 2599.6 万,GDP 6526 亿元,分别占全国的 0.77%、1.94% 和 1.64%。

1.1.3 国内外城市群发展的空间结构特点

首先,具有良好的地理位置和自然条件。国内外发育比较好的城市群都处于中纬度的平原地带。平原地带便于农业耕作、居住和交通联络,因此,人口总是向平原集中,导致城市也向平原集中。如日本是一个岛国,平原面积狭窄,仅占国土面积的 24%,最大的平原是东京附近的关东平原,其次是名古屋附近的浓尾平原和京都、大阪附近的畿内平原。日本的人口和经济高度集中于这三大平原地带,在工业化过程中,这三大平原逐渐发展成三大城市群,它集中了日本全境 63.3% 的人口和 68.5% 的国民生产总值。而且,国外城市群大都沿海、沿河、沿湖分布,这样即得内外交通之便利,又为城市的工商业发展和居民生活提供必要而充足的水源。

其次,有重要铁路线连接或是优越水运条件的港口城市。我国的三大城市群都是沿海的,其中长三角和珠三角城市群分别有长江和珠江串联,城市群之间有较为密切的公共基础设施连接。这是因为沿海、沿江的水运成本要远远低于公路,导致沿海沿江城市成为货物集散地,依托这些优势发展起来的工业分工体系比较明确的大小城市很容易发育成比较大的城市群,而沿海沿江的环境容量和人口承载力相比内陆城市要大得多,相同面积上能够接纳人口的大量聚集,产业聚集和人口聚集导致城市的快速发展,促进了城市群的形成。

第三,具有完整的城市等级体系。城市群是一个巨大的城市群体,不仅拥有数个大的中心城市,而且还有大量的中小城市,是一个包括大、中、小城市和市镇的城市群体。其中,中心城市在城市群形成和发展中起着核心作用。中心城市是人口与产业集聚的引力中心,世界上已形成的城市群中的中心城市都是由 2 个以上大城市或特大城市组成。如美国东北部大西洋沿岸和五大湖沿岸以及西部太平洋沿岸 3 大城市群都集中了美国的主要大城市,日本、英国、法国城市群也都以首都等大城市为核心。

1.2 长三角城市群气候、经济概况

长三角城市群是我国城市化程度最高、城镇分布最密集、经济发展水平最高的地区,并逐步成为"世界第六大城市群"(孙克强,2008)。它以上海为中心,南京、杭州为副中心,包括江苏的扬州、泰州、南通、镇江、常州、无锡、苏州,浙江的嘉兴、湖州、绍兴、宁波、舟山、台州,共 16 个城市及其所辖的 75 个县市,以沪杭、沪宁高速公路以及多条铁路为纽带,形成一个有机的整体(杨维凤,2010)(图 1.3)。

长江三角洲属中国东部北亚热带季风气候区。温暖湿润,雨、热同期。年平均温度为 15 ~16℃;最冷月平均温度为 2~4℃;最热月平均温度为 27~28℃。年降水量为 1000~1400 mm,降水主要集中在 5—9 月(占全年降水量 60% 以上),其中尤以 4—5 月的春雨,6—7 月的梅雨和 9 月台风雨,降水最为集中,是长江三角洲的 3 个多雨期。季风是影响长江三角洲气候的重要因素。每年季风到来的迟、早和强度的不同,使气候年际变化较大。同时,长江三角洲又是我国冷暖气团交绥之区,天气变化复杂,旱涝、低温、阴湿、台风等气象灾害时有发生。

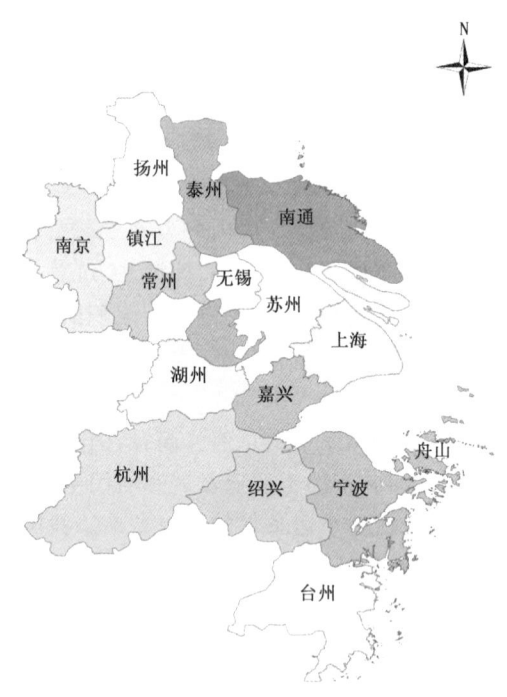

图 1.3　长三角城市群分布

随着城市化进程的加快,长三角地区局地气候发生明显变化,而随着人口、工业地的聚集,使气象灾害的破坏力也大大加强,环境污染问题也日益严重。通过研究发现,近年来,长三角地区城市化速度之快、城市化增加面积之广是空前的。长江三角洲在中国国民经济中的地位举足轻重,目前其占据了中国 GDP 的很大比例。事实上,据估计,整个长三角地区的经济相当于一个中等发达国家的规模,2010 年长三角地区 GDP 总量达 8.5 万亿元,占全国 GDP 总量的 21%,制造业产值约占全国 25%,出口额占全国 28%。长三角地区可能是世界最大的城市连绵区域,也是非常典型的超大型城市群系统。

1.3　《报告》编写的目的和意义

对城市发展而言,气候变化影响是一个极为重要的挑战。联合国人类住区规划署(United Nations Human Settlements Programme)指出,城市化和气候变化日渐以危险的方式交织在一起,这种交汇所导致的结果有可能对城市人们的生活质量、经济和社会稳定造成前所未有的负面影响。然而,与这些威胁同时出现的也是机遇。尽管人口、工业和基础设施高度集中的城市地区可能要直接面对气候变化带来的严重后果,但仍然有机会制定综合性减缓和适应策略来应对这些挑战。一方面,随着城市化的快速发展,城市消费和生产所排出的温室气体已占到温室气体总量的 70%,成为当今世界最大的温室气体来源;另一方面,气候变化也给城市发展及其不断增长的人口带来了独特挑战,影响波及城市供水、基础设施建设、交通服务、生态系统、能源供应、工业生产以及城市居民的生计等各个方面(Earthscan Ltd et al. ,2011)。

在全球变暖和高速城市化双重影响下,区域气候变化已经成为影响城市经济和社会可持续发展的重要因素。而随着城市化进程的加快,局地气候变化与大城市经济社会发展的相互影响关系也日益受到了关注。

《报告》的目的主要希望通过分析长江三角洲城市群气候变化与城市化之间的关系和反馈,建立城市气候变化脆弱性和适应性评估方法,将空间规划、地理信息系统与气候变化脆弱性和适应性评估相结合,分析在不同气候风险因子影响下的城市群脆弱性和适应气候变化能力,在《华东区域气候变化评估报告》的研究基础之上,以气候变化对城市群影响和适应对策为重点,编写《长三角城市群区域气候变化评估报告》。

1.4　《报告》的行文结构

本报告共分 7 章。

第 1 章绪论:国内外典型城市群介绍,长三角城市群气候、经济概况及《报告》编写的目的和意义。

第 2 章:城市群应对气候变化现状与行动,介绍国内外城市(群)与气候变化评估报告的主要结论和研究进展。

第 3 章:长三角城市群气候变化演变特征,主要介绍长三角城市群社会经济演变特征和气候变化演变特征及未来情景下长三角城市群气候变化趋势。

第 4 章:长三角城市群气候变化脆弱性评估,主要介绍长三角地区核心城市脆弱性与适应性评估结果。

第 5 章:气候变化对长三角城市群的影响,从长三角城市群交通、水资源和能源三个重点领域开展气候变化影响评估。

第 6 章:长三角典型城市适应气候变化案例分析,选择长三角地区超大城市上海、省会级大城市南京和地市级城市舟山开展适应气候变化的案例分析。

第 7 章:长三角城市群适应气候变化的应对措施,主要阐述长三角城市群适应气候变化发展的思路和建议,并从长三角城市群、地方政府、家庭和社区三个层面开展气候变化适应对策分析。

参考文献

邓丽君,张平宇,李平. 2010. 中国十大城市群人口与经济发展平衡性分析[J]. 中国科学院研究生院学报,**27**(2):154-162.

顾朝林. 2011. 城市群研究进展与展望[J]. 地理研究,**30**(5):367-375.

孙克强. 2008. 长三角年鉴[M]. 南京:河海大学出版社.

杨维凤. 2010. 京沪高速铁路对我国区域空间结构的影响[J]. 河北经贸大学学报,**31**(5):55-63.

Earthscan Ltd,Dunstan House. 2011. Cities and climate change:global report on human settlements. London,UK:UN-Habitat(United Nations Human Settlements Programme).

Jean Gottmann. 1957. Megalopolis:the Urbanization of the Northeastern Seaboard of the United States[J]. *Economic Geography*,**33**(3):1411-1416.

第 2 章　城市群应对气候变化现状与行动

摘要：城市系统能够对局地甚至区域气候产生影响，并且承担气候变化的负面影响，城市系统与气候变化存在着相互作用关系。特别是大型城市及城市群的运行和发展更加受到气候变化的影响和挑战。因而，提高城市系统的适应性，采取有效的气候变化适应行动，是应对气候变化问题的重要途径，通过实施可适应的应对方法，城市脆弱性可以缓解，城市恢复力将有所改善。在国际气候变化框架下，城市在履行和实现相关承诺中起着至关重要的作用。

2.1　与城市(群)相关的气候变化工作现状

全球已经搭建了一个比较完善的国际框架，并在这个框架下行动起来以应对气候变化挑战，各个层级的行动计划和决策也逐渐成型。各个国家级政府协商制定的国际性协议，如《联合国气候变化框架公约》(UNFCCC)和《京都议定书》，仍然是该框架计划的核心部分。

在国际气候变化框架下，城市在履行和实现相关承诺中起着至关重要的作用。各国政府在按照框架计划采取应对措施时，城市是这个框架计划实施的重要组成部分。

2.1.1　国际机构

政府间气候变化专门委员会(IPCC)分析关于气候变化及其影响的科学和社会经济学信息，并评估减缓和适应性措施的各种选项。迄今为止，政府间气候变化专门委员会一直在定期编制关于气候变化的综合性科学评估报告，已发布四次综合性评估报告，第五次评估报告正在编制过程中，并将于 2013—2014 年陆续发布。

世界银行研究院正在通过各种机制和计划实施一些着重落实到城市地区的气候变化行动，其中包括："碳融资援助方案"；针对新兴超大型城市的"碳融资能力建设"计划、"针对城市贫困和气候变化的市长工作组"、"清洁能源投资框架"、"战略性框架"以及"气候投资基金"。欧洲投资银行在支持应对气候变化的行动中也非常活跃，参与了碳市场中的减缓、适应、研究、开发、创新、技术转让、协作和支持等各种活动

(1)世界经济合作与发展组织(OECD)《城市和气候变化》报告简介

2010 年 11 月，世界经济合作与发展组织(OECD)公布了题为《城市和气候变化》(Cities and Climate Change)的报告，报告从趋势、竞争政策和管理三大方面就城市化和气候变化之间的相关事项开展了分析。

在趋势部分，报告分别阐述了城市化、经济增长对气候变化的贡献、气候变化对城市地区的影响和城市尺度应对气候变化行动的经济效益。

城市化、经济增长对气候变化的贡献方面,报告指出:由于大约半数的世界人口生活在城市地区,城市消耗了大部分的(60%~80%)能源产品,城市被认为是 CO_2 排放的主要贡献者。城市和周边地区交通能耗都能影响能源的使用和相关的 CO_2 排放。城市密度和空间布局是影响能源消费,特别是交通和建筑部门能源消费的关键因素。

气候变化对城市地区的影响方面,由于许多世界大城市位于沿海地区,使得它们更容易受到海平面上升和风暴潮的影响,这将给居民的生活、财产和城市基础设施带来前所未有的影响(董锁成等,2010)。最易受到沿海洪水影响的港口城市是位于发展最快的发展中国家(比如印度和中国)和一些富裕的国家(比如美国、荷兰、日本)。

报告也指出:城市和贫困人口对气候变化特别敏感,如与农村地区相比,城市的热浪更加强烈,其中部分是由城市的热岛效应引起的。贫困人口往往集中于富裕和贫穷国家的城市中,他们最容易受到气候变化的影响,部分原因是因为他们的居住条件较差,居住区更加脆弱,他们缺乏必要的资源来快速有效地保护他们免受极端天气和不断变化的气候条件的影响。

对于城市尺度气候变化行动的经济效益的评估指出:城市政策能促进以最低成本实现国家 CO_2 减排目标和减缓策略。虽然气候变化减缓和适应政策需要大量的投资,但是拖延相关行动可能会使未来城市适应气候变化影响或者减少温室气体排放的成本增加,且会限制未来的选择。除了在城市中心应对气候变化的直接成本之外,气候变化的经济影响在就业市场有积极的反弹效应,并能降低税收。

在竞争政策部分,报告指出:城市有能力来应对气候变化,并可作为研究应对气候变化创新方法的政策实验室。

有效的气候政策计划能探寻在城市部门之间和内部的互补性,以促进有效政策的实施,例如,在土地规划时考虑将大面积高密度的居住区和相应的商业区配套,这样可以减少居民日常出行的距离和频次。因此,在气候与城市其他政策目标间的协同作用需要系统的多部门的战略规划。城市和地区在促进绿色经济增长方面发挥了关键作用。城市和地区通过多种调控措施促进绿色经济的增长,包括采用创新性的采购措施,更好地审查在基础设施、交通、通信网络和公用设施上的投资,能源供应商的合作关系与管理,消费者对绿色工作的意识及相关培训方案等。城市和地区有针对性竞争政策和措施的制定还有助于为可再生能源、高能源效率产品和服务创造强有力的市场,促进生态创新。

在管理部分,提出多层次管理框架的概念,运用包括政府、非国家和非政府部门多层次管理,促进当前的气候变化行动。报告指出:要将气候优先整合到城市政策制定过程的每个阶段中,包括议程设置、政策设计、执行和政策评价,同时建立起跨城市的合作框架保证气候政策和措施的成功运行和实施。此外,还要加强国家—地区气候政策间的联系,让国家政府在支持城市管理、提升城市应对气候变化的能力等方面发挥关键作用。金融工具的运用和资助新支出的需求在报告中也被考虑为城市应对气候变化管理的重要方面。城市和大都市地区可以充分利用税收作为工具来调节人们的行为,减缓气候变化。交通拥堵费、发展费用、价值获取税(value-capture taxes)和其他财政来源使消费者面临着很多的选择,这些措施可以减少资源的低效利用,限制城市的扩张。气候变化引起的预算压力可能需要城市探索新的金融措施。提高碳市场的准入可能有助于城市寻找额外的和互补的资金。建立制度以增加地方认知和加强行动是应对气候变化城市管理中的另一项重要内容,地方和地区政府可以通过引入法律和财政支持的措施,积极应对其管辖范围内的问题。国家政府推动完善体制、增强知识基础的行动,也有助于地方决策者鼓励利益相关者的参与,确定和执行具有成本效益的行动。此外,完备的公共政策的制定和实施需要一个健全的、定量的和实证的基础,包括提高对以下几个方面的理解:气候变化可能影响哪些地区和城市的发展?如何影响其发展?什么措施可能更好地应对气候变化?国家政策框架如何促进或者制约气候变化在地方尺度上的表现?

(2)世界银行发布《城市与气候变化:一个亟待解决的议程》报告简介

2010年,世界银行发布《城市与气候变化:一个亟待解决的议程》(Cities and Climate Change:Responding to an Urgent Agenda)报告(Daniel Hoornweg 等,2011),报告概述了城市居民在面临严重气候变化影响的同时,如何为超过全球80%的温室气体排放负责。

报告指出:在预计每年800亿～1000亿美元的气候变化适应成本中,城市地区需要承担的费用可能将超过80%。尽管如此,气候变化也为改变城市化进程、实施智能政策、开发可持续社区提供了机遇。完善的管理、密集的城市也被证明是减缓温室气体排放、实现总体可持续发展最重要的先决条件。

在报告中,世界银行气候变化特使 Andrew Steer 指出,世界上的许多重要城市如纽约、墨西哥城、安曼或者圣保罗等,都没有坐等一个综合性、全球性的气候协议的出现,他们已经在采取行动应对气候变化。这些城市都通过采用一些技术手段与区域规划来减缓、适应气候变化,并达到提供城市基本服务与减贫的目的。这些城市的行动需要得到国家及国际社会的最大帮助。

报告传达出了立即采取行动的必要性——目前所进行的发展中国家城市建筑与基础设施的大量投资方式将锁定未来几十年的城市形态与生活方式,并可以预示温室气体排放及一些气候事件的脆弱性,如风暴潮、洪水、热浪及海平面上升等。

报告提供了城市形态与生活方式如何影响温室气体排放的完全证据。例如,巴塞罗那的人均温室气体排放是美国丹佛市的四分之一,圣保罗和里约热内卢这两个城市也很有希望,因为这两个城市的人均 CO_2 排放量也低于 2.1 t。报告指出:城市的总体规模决定了其对温室气体的排放贡献和受气候变化影响的程度。目前,超过一半的世界人口生活在城市地区,而且该部分人口还在快速增长。全球最大的 50 个城市的总人口(5亿)比美国的人口还要多,预计这些城市排放的温室气体可以达到 26.06×10^8 t(为全球第三大排放源,仅次于美国与中国)。此外,这些城市总体的 GDP 可以达到 95.5 亿美元(超过中国)。

报告概述了气候智能型城市的前进方向,但城市必须合作起来行动,例如,最新的墨西哥城协议(Mexico City Pact)及 C40 大城市协会(C40 large cities association)的合作努力。通过这些协作,城市可以更加快速、更全面地应对气候变化。

2.1.2　城市网络

主要的国际城市网络和气候变化机构如下:地方政府环境行动理事会、大城市气候变化领导小组,即 C40 集团、克林顿气候行动计划、全球市长气候及环境组织委员会、世界城市和地方政府联合会、气候联盟、亚洲城市气候变化能力网络、市长盟约。

大多数城市网络都在重点关注气候变化减缓工作,近些年来适应工作也日渐受到关注。在那些已经开始率先采取措施应对气候变化的城市,城市网络起到了比较重要的作用;另一方面,城市网络虽然在政治支持和知识传播方面发挥了相当有价值的作用,但在缺乏实施项目的资源的情况下其影响力也是有限的。通过城市本身的能力来解决气候变化问题已经随着公共、私营和民间参与者缔结伙伴关系而日渐成熟。越来越多的私营公司正在考虑如何通过改变他们自己的实际运作来减缓排放,并在应对气候变化的基础设施、能源公用事业和其他城市行业的投资中起到非常重要的作用。

来自全世界 50 多个城市的 100 多位学者参与编写了城市气候变化研究网络第一次气候变化和城市评估报告(Cynthia Rosenzweig,2011)。该报告可为地方政府以及研究人员提供相关支持和帮助,并且进一步完善 IPCC 已有的相关研究成果。该报告共包括一份执行摘要和四个主要部分。

报告指出:气候变化的脆弱性和风险评估框架的三个主要方面为:气候灾害、脆弱性和适应性能力。城市在制定气候变化适应性方案的时候需要考虑其所面临的主要气候条件如:城市热岛、环境污染和极端气候事件等。报告还预估到 2050 年雅典、伦敦、纽约、上海和东京等十二个城市的温度将升高 1~4℃。与以往相比,大多数城市将遭受更多、更长和更强的热浪影响。气候变化对城市的四个主要领域产生影响:区域能源系统、水供需和污水处理、交通和公共健康。①夏季热浪的增加会对电力系统的承载力造成影响,则需要减少用电峰值,改进电厂资源和供电网络;降水特征的改变也会影响水力发电;②洪水和干旱将影响城市的供水数量和质量。因此,城市迫切需要改进和完善供水系统;③气候变化对交通的影响主要是交通基础设施的损害和交通出行的影响。例如由于冬天温度升高路面结冰现象减少则会降低冬季的维护费用;极端天气事件增加则会增加交通延误和改期等;④气候变化将加剧城市健康风险,并会不断出现新的健康问题。如城市热浪将会增加老人和儿童的健康风险;在发展中国家,台风和洪水对健康的影响最为显著。可通过建立早期预警机制,减少热岛效应等措施进行缓解。

目前,除了国际地方行动理事会(ICLEI)及城市与地方政府联合会(United Cities and Local Governments)等一些早已存在的城市组织外,一些新的伙伴组织和计划正在出现,如 C40 与气候组织(The Climate Group)等,联合国环境规划署(UNEP)、联合国人居署(UN-Habita)与世界银行联合也制定了明确的工作计划,以便为城市提供更加快速、协调的援助。

一些早已开发的新工具诸如一般的城市温室气体排放标准、城市风险评估工具(Urban Risk Assessment tool)、全球城市指标体系(Global City Indicator Facility)等都在努力协调与解决城市的能源问题。报告指出:城市应该尽可能采取行动应对气候变化。越是拖延,应对的成本越高,特别是在那些快速增长的城市。共同行动的效益是十分可观的,例如可以改善公共健康、节约成本、能源安全等。报告还指出:低碳经济、低污染城市是高质量城市生活所必需的。城市也具有应对气候变化的独特优势,因为城市具有采取行动的最佳规模。一般来讲,城市的规模都足够大,完全可以制定实验性与引导性的响应计划,与国家政府对公众诉求的响应相比,这些计划能更快、更有效、更充分地贴近与符合社区的需求。

2.2　大型城市群面临的气候变化挑战

人类社会面临着巨大的威胁。由于工业时代对环境的开发和人为操控所造成的两大强有力因素的推动,城市化和气候变化日渐以不和谐的方式交织在一起。这种交汇所导致的结果有可能对我们的生活质量、经济和社会稳定造成前所未有的负面影响。

在发展中国家,快速城市化导致的城市人口增长,在应对气候变化带来的威胁时,增长最快的城市地区也是预备措施最少的区域。这些区域通常存在严重的管理欠缺、基础设施不足以及经济和社会分化。

2.2.1　海平面上升的威胁

许多世界大城市位于沿海地区,使得它们更容易受到海平面上升和风暴潮的影响,这将给居民的生活、财产和城市基础设施带来前所未有的影响。最易受到沿海洪水影响的是港口城市。

海平面上升给长三角地区带来一系列环境问题主要有:①海洋侵蚀作用导致海岸线后退,陆地面积缩小;②沿海平原的土壤盐渍化范围扩大程度加深;③沿海地带的自然生态环境恶化;④河湖的排水入海能力降低,河床淤高,增加防洪压力;⑤风暴潮的发生强度和频率增大,危害性加剧;⑥削弱现有港口码头江海堤防等重要基础设施(顾朝林,2010)。

2.2.2　对城市基础设施的影响

气候变化对城市中由建筑、道路、排水系统和能源系统等构成的基础设施网络产生了直接的影响,并间接影响城市居民的福利和生计。在低海拔的沿海地带,这种影响尤为严重,而全球有很多大型城市都位于这种地带。尽管低海拔沿海地带只占全球土地面积的2%,可其中却居住着全球13%的城市人口。

由于与气候相关的灾害不断发生,对这些地带的居住和商业设施将产生切实的破坏。在这一方面,洪灾可谓是代价最昂贵也最具有破坏力的自然灾害了,由于降水强度的增加,洪灾可能在全球的很多地方都有增加的趋势。除此之外,沿海地区咸水的涌入和侵蚀还可能毁坏建筑并使一些地区变得无法居住。城市居住和商用建筑所面临的另一个风险是缓慢的地面塌陷或下沉问题。下沉速度可能达到每10年下沉1 m,对管线、建筑地基和其他基础设施的损害极大。

气候变化带来的天气条件改变常常会扰乱交通系统的运行,天气的改变会直接影响人们的出行。交通系统的损毁还可能造成长时间服务的中断。尤其是在沿海城市,海平面上升可能会淹没高速公路并造成路基和桥梁的支撑部分被侵蚀。大量的降水带来的洪灾和山体滑坡还可能造成高速公路、海港、桥梁和机场跑道等交通基础设施的永久性损坏。长时间的高温会让铺设的道路出现路面损害,需要更频繁的维修。受损或毁坏的交通系统除了可能危及人们的生命,由此带来的长时间服务中断也可能会极大地影响城市生活的各个方面。

2.2.3　气候变化对城市经济影响

极端气候事件的频发和强度的增大会让城市经济资产变得脆弱。气候变化能影响一系列广泛的经济活动,包括贸易、制造业、旅游业和保险业。

气候变化和极端气候事件对工业的直接影响包括建筑、基础设施和其他资产的损毁。如果工业设施处在沿海或泄洪道等易受灾地区,则这些后果会变得更加严重。气候变化对工业的直接影响包括由于气候影响而造成的交通、通信和电力设施的延误和取消。同理,零售和商业服务业也因为供应链、网络和交通中断以及消费模式的改变而变得更加脆弱。

旅游及连带的服务业严重依赖于空港、海港和道路等交通基础设施。气候变化可能会造成地区性的季节改变,进而改变与季节相关的休闲娱乐业商机和旅游设施。严重的天气事件和继发的交通延误及取消对旅游业也会产生负面影响。对于那些以旅游业为主要收入来源的城市,当地经济可能会遭受严重的损失,失业率上升。保险业也是一个易受气候变化影响的行业,尤其是那些影响范围很大的极端气候事件。气候改变可能造成保险需求上升而可保范围下降。如果不常发生的灾难事件变得更加频繁,保险费用可能会大幅上涨。未来高损失事件发生的不确定性也可能会让保险费的压力直线上升。

2.2.4　对城市中脆弱群体影响

气候变化对各个群体的影响是不一样,气候变化的影响程度根据个人和群体的财富和对资源的获得能力不同而有所差异。

低收入家庭都最易受气候变化影响,主要是因为他们的居住条件较差,居住区更加脆弱,他们缺乏必要的资源来快速有效地保护他们免受极端天气和不断变化的气候条件的影响。

对城市地区极端天气事件进行的灾难影响研究显示,在灾害中丧命或受重伤以及损失大部分或全部财产的人大多来自低收入群体。在自然灾害中,低收入家庭通常缺乏卫生保健、建筑结构修复、通信、水和食物等资源来缓解气候变化带来的损害。如果灾后恢复缺乏适当的援助,贫困人口只能牺牲家庭的营养保障、孩子的教育或其他还能剩余的资产来满足最基本的需求,因此,更进一步限制了他们从贫困中恢复或脱贫的机会。

2.2.5　世界国际大城市应对气候变化的行动

(1)纽约

纽约市在 2007 年公布了《纽约城市规划:更绿色、更美好的纽约》的报告,阐述了纽约市未来数十年发展的目标、路径和挑战。该城市规划策略除了包括一般必要的政策元素如土地、水、交通、能源和空气要素外,还包含了城市应对气候变化策略,明确地把气候变化问题写入城市规划战略中。该报告旨在为纽约市设计出到 2030 年的能源前景,其中的计划包括减少温室气体排放量、改善气候和规划城市发展,具体做法包括调整城市规划策略、改善基础设施建设、减少汽车数量、提供更有效率的清洁能源、解决住宅能源效率问题等。其中,提出到 2030 年把纽约市温室气体排放减少 30%。这 30% 的减排有一半来自提高建筑能耗效率,32% 来自改善电力供应方法,18% 来自交通规划。并且,该规划针对这一目标列出了具体的城市规划原则和手段。该规划中有四大项目是重中之重:提高能效、开发清洁供电系统、改善能源基础设施和改善能源规划。考虑了城市对适应气候变化可能带来的影响,建议把城市内将受到水岸线升高影响的现有基础设施进行评估,并同联邦、州政府合作改善更新洪水危害区资料,及针对市内特别地段的基地重新规划设计。2010 年 5 月,纽约市应对气候变化专门委员会(NPCC)发布了一份题为《纽约市的气候变化适应:构建风险管理响应》的报告,包括气候风险信息、适应评估指南和气候保护水平三部分内容。报告提出了纽约市积极应对气候变化的措施与战略,其主要内容有:①将气候变化适应纳入城市管理;②加强气候变化适应规划;③开展必要的研究,以促进灵活的适应途径。

(2)伦敦

英国伦敦市政府于 2008 年 8 月发布了题为《伦敦应对气候变化的适应策略文件》的政府咨询文件。该咨询文件包含以下四项战略政策框架:①对伦敦市受到气候变化的影响进行评估;②建立风险程度的基线情况及哪些人会受到什么程度的影响;③分析气候变化带来的洪水、干旱、热浪等问题;④确定不同风险要优先应对的需要及其得益。

2010 年 2 月,伦敦市政府公布了《伦敦气候变化适应战略草案(公共咨询稿)》的报告,报告指出:未来伦敦可能遭受洪水、干旱和热浪的影响,且洪水和热浪的风险较高,这些气候事件对伦敦的健康、环境、经济和基础设施等跨领域的问题造成一定的影响,同时草案提出了 34 项应对这些气候事件和相关问题的行动。2010 年 10 月,伦敦市政府公布了《保障伦敦的能源未来——气候变化减缓和能源战略市长草案(公共咨询稿)》,伦敦市政府希望通过一系列的低碳措施和能源战略,减少伦敦的温室气体排放,保障伦敦的低碳能源供应,并抓住伦敦向低碳经济转型中的机遇,从而使伦敦成为全球城市低碳经济发展的典范。

(3)东京城市群

2006 年 12 月,东京市政府颁布的题为《东京巨变:10 年规划》的战略规划方案中提出:东京 2020 年的 CO_2 排放量要在 2000 年的基础上减少 20%。东京市政府 2007 年公布了《气候变化应对策略》,内容包括把东京未来发展为一座"负碳值"的城市。就是未来东京不只没有碳排放,同时通过向可再生能源、清洁生产等领域投资,使东京有能力中和其他地区的 CO_2 排放量。具体相关政策主要集中在发展建筑和工业减排技术上,目标是到 2050 年使排放量比 2000 年减少 25%,主要措施包括:①促进私有企业努力实现 CO_2 减排目标;②在家居领域实现 CO_2 减排;③为城市发展制定 CO_2 减排规程;④加快减少车辆交通的 CO_2 排放;⑤创建东京发展模式,支持相关部门的活动。

参考文献

董锁成,陶澍,杨旺舟,等. 2010. 气候变化对中国沿海地区城市群的影响[J]. 气候变化研究进展,6(4):284-289.

顾朝林. 2010. 气候变化与适应性城市规划[J]. 建筑科技,13:28-29.

Cynthia Rosenzweig. 2011. Climate Change and Cities:First Assessment Report of the Urban Climate Change Research Network. London:Cambridge University Press.

Daniel Hoornweg,Mila Freire,Marcus J Lee,et al. 2011. Cities and climate change:responding to an urgent agenda. DC:World Bank Press.

第 3 章　长三角城市群气候变化演变特征

摘要：长三角地区地面特征的改变对气候将产生影响。长三角地区土地利用变化的主要特征表现为城市用地的增加和耕地的减少。选取 140 个气象基准站、基本站和一般站点及 32 个气象基准站、基本站对气温降水和高影响天气作趋势分析。结果表明：1981—2010 年，整个长三角地区年平均气温的线性增温率为 0.59℃/10 年，其中苏州（0.94℃/10 年）是长三角地区 16 个城市中增温率最高的城市。长三角地区年平均气温升温率北部高于南部，以上海、杭州为转折点，贯穿南京、扬州、常州、无锡、苏州、嘉兴、绍兴、宁波、台州，呈现"Z"字型的热岛分布格局。整个长三角地区平均年降水量略有减小，其中，20 世纪 80 年代末至 90 年代初期和 90 年代末至 21 世纪前 10 年初期为降水偏多期，20 世纪 90 年代中期和 21 世纪前 10 年中后期为降水偏少期。江苏和上海年降水量主要以增加为主，浙江年降水量主要以减少为主。长三角地区极端高温日数（日最高气温≥35℃的日数）以 4.6 d/10 年的线性趋势显著增加，持续暖夜日数（日最低气温≥28℃的持续日数）以 0.7 d/10 年的线性趋势显著增加。暴雨日数没有呈现出显著变化趋势，雷暴日数呈现出减少的变化特征，但变化趋势在统计上不显著。大风日数以 2.9 d/10 年的线性趋势显著减少，雾日数以 6.8 d/10 年的线性趋势显著减少。

利用 NCAR_CCSM3 全球模式的预估资料驱动 RegCM3，开展 A1B 中等排放情景下 2011—2030 年中国东部地区高分辨区域气温和降水的预估。结果表明：整个长三角地区均为升温趋势，但是高温日数在浙江东北部沿海和上海呈微弱减少趋势；除了江苏中东部，长三角地区大部分区域年降水量呈增加趋势，其中江苏南部、浙江北部和中部部分地区以及上海中北部强降水增加趋势明显。利用 MIROC-ESM-CHEM 模式月尺度资料和热带气旋最佳路径数据集，通过对热带气旋异常年份大气环流背景（西北太平洋副热带高压、环境风垂直切变）的分析，预估了 2011—2040 年中等排放情景（RCP4.5）和高等排放情景（RCP8.5）下热带气旋的可能变化特征。结果表明：热带气旋的发生频数可能减少，2011—2020 年热带气旋减少的趋势将最大，2031—2040 年次之，2020—2030 减少的趋势最小。

城市是人类居住最密集的地方和人类活动的集中表现（高晓清等，2004）。城市化进程不仅改变了城市原有的下垫面特征，而且由于城市消耗的大量能源使得大气增加了数量可观的人为热和污染物，改变了近地层的大气结构，形成了以城市效应为主的局地气候（史军等，2011）。随着城市的快速扩展和城市人口的日益增多，城区及其周边地区的天气和气候条件显著改变，并对全球气候变化与大气环流、区域大气污染物的增长、输送、扩散及沉降以及人体健康、能源耗散等产生深远的影响（Kukla et al.，1986）。刘洪利等（2005）模拟了长三角地区地面特征改变对气候的影响,指出长三角地区植被退化、城市化面积扩大等因素会引起比较显著的局地气候变化。长三角地区气候和土地利用变化,体现了自然和人类活动的影响。城市化和工业化促进了长三角地区的经济腾飞,同时也引起了人口和燃料消耗剧增等问题,从而加剧了长三角地区气候环境的变化(陈春根等,2008)。

　　本章将从土地利用变化、城市群扩张规律、气温降水和高影响天气的气候变化趋势揭示长三角城市群社会经济发展与气候变化的现状和过程,并对长三角地区未来的气候变化趋势进行预估,以期为长三角城市群可持续发展提供科学基础。

3.1　长三角城市群社会经济演变特征

3.1.1　长三角城市群土地利用的变化特征

　　近 30 年来,长三角地区的土地类型结构发生了显著变化(王振波等,2011)。从空间上看,9 大类用地(依据《全国土地分类》),将土地利用类型分为草地、林地、园地、滩涂、其他、旱地、城镇、水田、水域 9 类)中城镇面积增长最大,17 年间增长了 1.65×10^4 km²,主要来源于水田、旱地、草地、园地和其他用地,其中水田面积减少 0.71×10^4 km²,旱地减少 0.53×10^4 km²。从时间上看(表 3.1),2001—2008 年土地类型结构变化大于 1991—2001 年。城镇用地面积比重在 1991—2001 年减少 1.53%,而 2001—2008 年增长 15.79%;同样,水田与旱地面积比重在 1991—2001 年分别减少 2.24% 和 0.01%,而 2001—2008 年分别减少 3.97% 和 4.57%。除此之外,林地比重从 1991 年的 18.72% 增长到 2001 年的 22.83%,又回落到 2008 年的 17.27%;滩涂在 17 年间面积比重增长了 0.29%,水域面积则减小了 1.61%。

表 3.1　1991 年、2001 年和 2008 年长三角地区各类用地数量及比重

年份	单位	草地	林地	园地	滩涂	其他	旱地	城镇	水田	水域
1991	(km²)	392.91	21670.76	241.70	403.21	251.64	16745.93	11168.49	55644.79	9216.26
	(%)	0.34	18.72	0.21	0.35	0.22	14.47	9.65	48.08	7.96
2001	(km²)	193.87	26417.17	169.37	350.63	39.37	16739.39	9401.90	53048.70	9376.31
	(%)	0.17	22.83	0.15	0.30	0.03	14.46	8.12	45.84	8.10
2008	(km²)	42.03	19989.83	33.51	738.04	12.24	11442.90	27667.62	48462.91	7346.63
	(%)	0.04	17.27	0.03	0.64	0.01	9.89	23.91	41.87	6.35

3.1.2　长三角城市群扩张规律

　　自改革开放以来,长三角城市群格局的时间变化主要分三个阶段(王煜坤等,2010)(图3.1):①20 世纪 80 年代,长三角城市群布局以上海为核心,南京、杭州为次核心,形成点状布局,长三角城市群空间呈现出沿沪宁、沪杭 "V" 字型发展轴。②20 世纪 90 年代,以浦东开发为标志,带动周边地区发展的轴线发展格局。浦东的崛起带动了周边地区快速发展,长三角城市群空间呈现沿沪宁、沪杭、杭甬 "Z" 字型发展轴。③21 世纪以来,苏州、无锡、宁波等中心集聚,形成多中心、网络化布局。随着 2002 年江苏沿江战略的实施、2007 年江苏沿海战略、浙江

沿湾发展战略以及苏通大桥、杭州湾大桥的建成,使长三角城市群由沿路的"Z"字型发展转向沿海、沿江、沿湾的反"K"字型。同时,宁杭生态产业轴、泰锡湖产业轴不断拓展,长三角城市群网络化布局趋势初现。

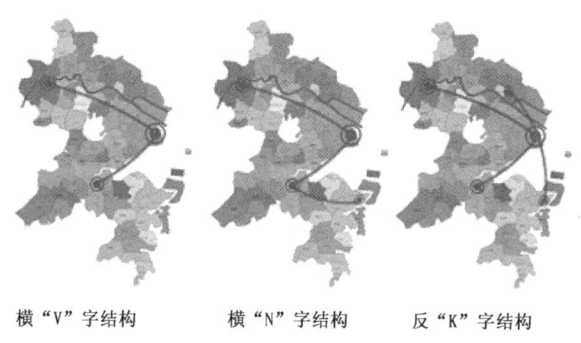

横"V"字结构　　　　横"N"字结构　　　　反"K"字结构

图 3.1　长江三角城市群城市空间结构图

　　长三角城市群格局的空间演变主要包括两个方面,首先是由行政等级结构布局转向扁平式布局,其次是由极化发展向泛化发展。20 世纪 80 年代,长三角城市群布局主要以行政等级结构布局,即沪—宁杭(副省)—地级市—县的模式布局。进入 21 世纪以来,苏州、无锡和宁波等城市崛起,演变成目前的沪—宁杭苏锡甬(副省与发达地级市)—县市的模式。长三角城市群布局由极化向泛化发展主要体现在两方面:一是从整体布局上,由以上海为核心向沪宁杭为核心、沪宁杭苏锡甬多个核心发展。二是长三角地区地级及地级以上城市内部也呈现由极化向泛化发展。首先,上海城市化发展呈现了向郊区化发展的趋势。其次,体现在苏南模式的发展,由以地级市市区的快速发展转向市县经济发展。但是,南京、杭州、宁波等城市发展仍处于极化发展阶段。

　　放眼未来,长三角城市群的演化是一个较长的过程,不可能一蹴而就。在不同的阶段会有不同的发展模式。在经历了 2010 年上海世博会,长三角城市群的道路交通基础设施(3 小时经济圈)以及商贸、旅游、会展等产业在城市群内得到初步整合。长三角城市群的硬件框架渐渐成形。产业发展以生产要素推动和投资推动为主,各地方城市乡镇拓展土地开发空间冲动强烈。预计到 2020 年,这期间城市继续扩张,人口继续涌入,然而劳动密集型产业对劳动力的吸纳量逐步减少,资本和技术密集型的产业成为经济的主要构成部分,同时第三产业比重大大增加。随着产业结构进一步升级,城市在外延扩大的同时,内涵或质量的进步也日益明显,城市群内产业和空间布局开始趋于合理。预计到 2050 年,长三角城市群将接近发达国家的城市群水平,城市人口高达 70% 以上,城市群功能更加复杂化和多样化,第三产业成为经济发展的主要动力,实现了城乡一体化,城市发展从增量唱主角转变为内涵或质量的驱动。

3.2　长三角城市群气候变化演变特征

3.2.1　长三角城市群气温变化特征

　　根据长江三角洲地域范围的定义,同时考虑到长三角地区 16 个城市站点气温降水数据的可获得性,本报告中选取 118.09°~122.94°E,27.82°~33.85°N 范围内 140 个气象基准站、基本站和一般站进行气温和降水的气候变化趋势分析。

3.2.1.1　年平均气温变化趋势

长三角地区共有两个百年以上气象观测站,分别为上海徐家汇站和江苏南京站。其中上海徐家汇气象观测站自 1873 年建站至今已积累了 140 年连续资料,是我国最长连续观测资料的气象站。图 3.2 为徐家汇站 1873—2011 年年平均气温变化趋势。总体来看,139 年来上海年平均气温的升温率为 1.54℃/100 年,显著高于全球平均气温升温率的 0.74℃/100 年。并且,不同时段的升温率差别很大,以 1935—1950 年和 1982—2011 年两个时段增温最为明显,特别是 1982 年以来,上海连续 30 年年平均气温变化为正距平(相对于 139 年平均气温),其中 2007 年偏高 2.7℃,年平均气温达 18.5℃,是有器测记录以来最热的一年。

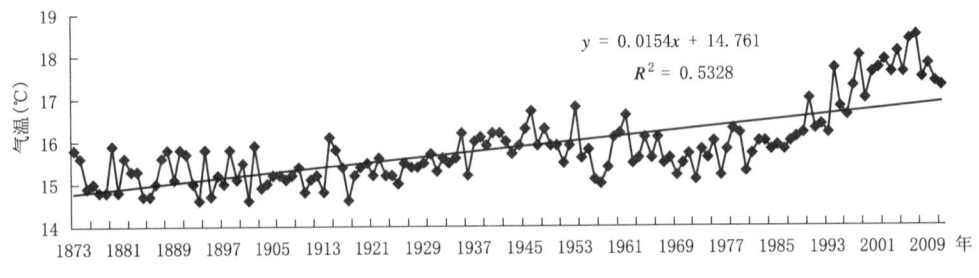

图 3.2　徐家汇站 1873—2011 年年平均气温的变化趋势

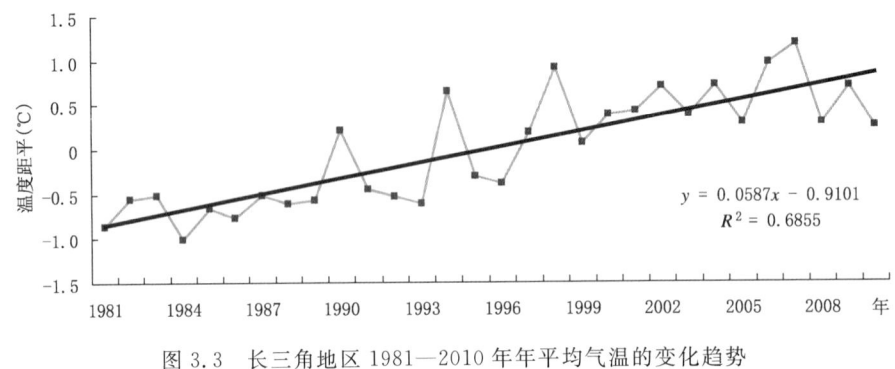

图 3.3　长三角地区 1981—2010 年年平均气温的变化趋势

图 3.3 给出了长三角地区 1981—2010 年年平均气温的变化趋势。可以看出,近 30 年,整个长三角地区年平均气温的线性增温速率为 5.87℃/100 年,显著高于全球增温速率(0.74℃/100 年),特别是自 1997 年以来,连续 14 年气温距平为正值,其中 2007 年为 30 年间气温最高的年份(17.5℃),与上海百年最高气温年份相同。

3.2.1.2　典型城市年平均气温变化趋势

长三角地区 16 个城市 1981—2010 年年平均气温增温速率(图 3.4)由高到低依次为:苏州(0.94℃/10 年)、上海(0.88℃/10 年)、宁波(0.79℃/10 年)、无锡(0.77℃/10 年)、绍兴(0.74℃/10 年)、泰州(0.73℃/10 年)、杭州(0.71℃/10 年)、扬州(0.67℃/10 年)、嘉兴(0.66℃/10 年)、南京(0.64℃/10 年)、南通(0.57℃/10 年)、湖州(0.54℃/10 年)、台州(0.53℃/10 年)、常州(0.51℃/10 年)、镇江(0.47℃/10 年)、舟山(0.45℃/10 年)。其中苏州是长三角地区 16 个城市中增温率最高的城市。

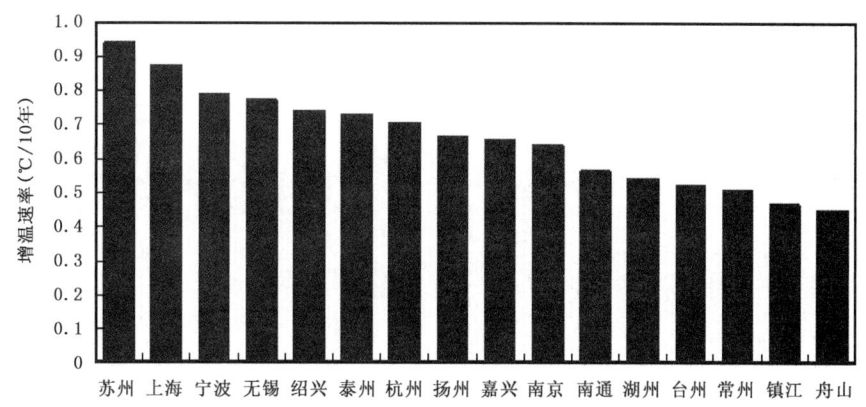

图 3.4　长三角城市群 1981—2010 年年平均气温增温速率

3.2.1.3　年平均气温变化趋势空间分布

1981—2010 年长三角地区年平均气温等温线由北向南基本呈纬向型分布(图 3.5a),气温最高值为浙江台州的温岭市(17.9℃),最低值为江苏南通的如皋市(15.1℃),南北气温差约 3℃。从气温变化率来看(图 3.5b),长三角地区年平均气温升温率北部高于南部,以上海、杭州为转折点,贯穿南京、扬州、常州、无锡、苏州、嘉兴、绍兴、宁波、台州,呈现"Z"字型的热岛分布格局。

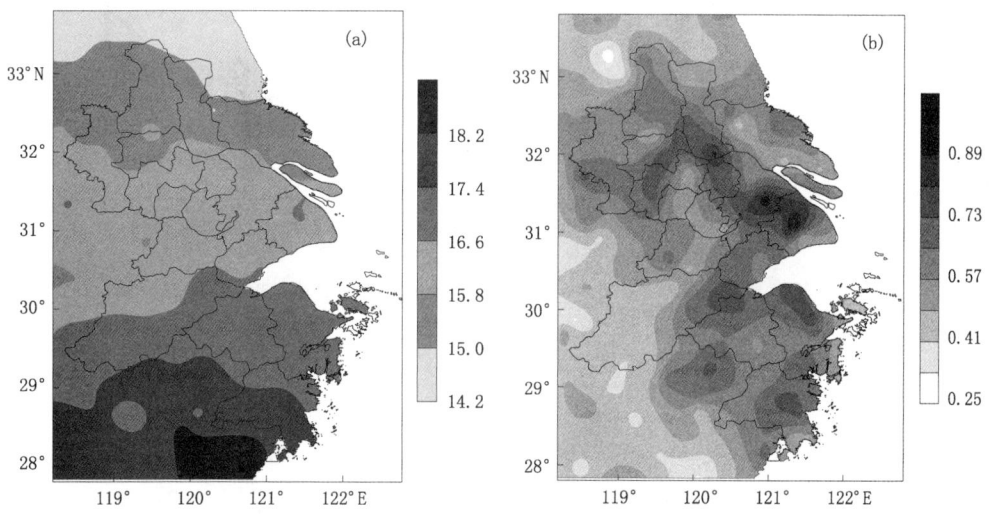

图 3.5　长三角地区 1981—2010 年年平均气温(a,单位:℃)及变化趋势(b,单位:℃/10 年)

3.2.2　长三角城市群降水的变化特征

3.2.2.1　年降水量变化趋势

同样以上海徐家汇站作为长三角地区百年气象观测站的代表,分析降水的变化趋势(图 3.6)。总体来看,139 年来上海年降水量有小幅增加,增加率为 7.7 mm/10 年。同时,上海的年降水量呈现出明显的年代际变化特征,1990—1920 年、1940—1960 年、1990—2010 年为降水偏多年代,其他年代降水偏少。

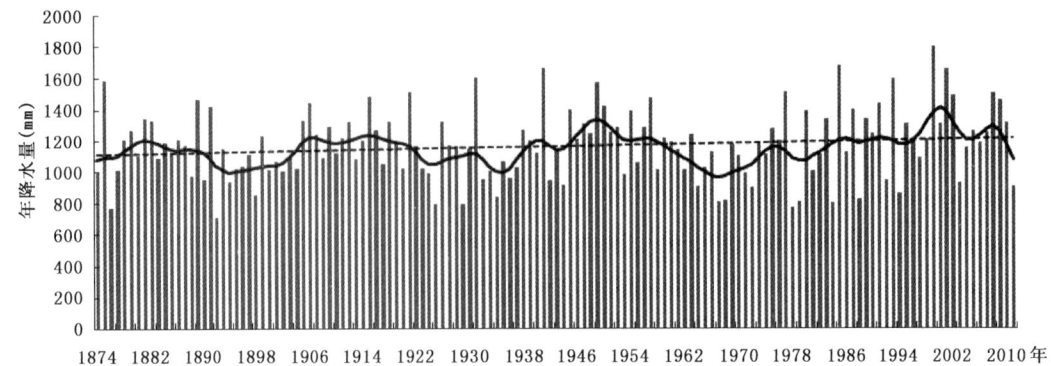

图 3.6 徐家汇站 1874—2010 年平均年降水量的变化趋势
(曲线表示滤波值,虚线表示线性趋势)

图 3.7 给出了长三角地区 1981—2010 年平均年降水量距平百分率。30 年间,整个长三角地区平均年降水量略有减小。其中,20 世纪 80 年代末至 90 年代初期和 90 年代末至 21 世纪前 10 年初期为降水偏多期,20 世纪 90 年代中期和 21 世纪前 10 年中后期为降水偏少期。

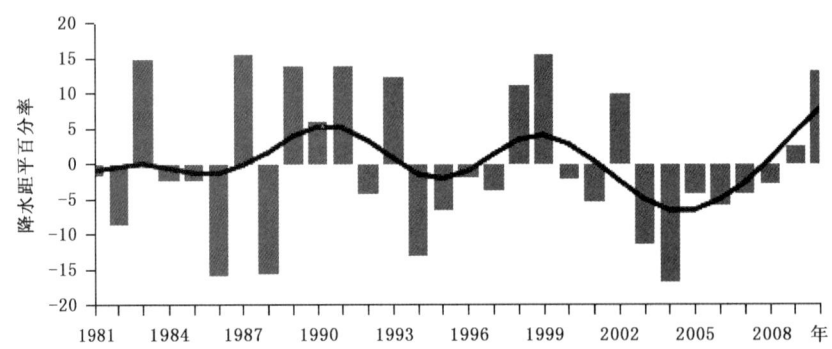

图 3.7 长三角地区 1981—2010 年平均年降水量距平百分率(曲线表示滤波值)

3.2.2.2 典型城市年降水量变化趋势

长三角地区 16 个城市 1981—2010 年年降水量变化率(图 3.8)由高到低依次为:上海(7.29 mm/年)、台州(5.91 mm/年)、南京(3.51 mm/年)、南通(2.48 mm/年)、苏州(1.82 mm/年)、镇江(1.73 mm/年)、常州(1.67 mm/年)、扬州(1.66 mm/年)、无锡(0.31 mm/年)、泰州(0.20 mm/年)、宁波(−1.20 mm/年)、舟山(−1.67 mm/年)、绍兴(−4.04 mm/年)、嘉兴(−4.69 mm/年)、杭州(−5.39 mm/年)、湖州(−6.90 mm/年)。可以看出,江苏和上海的平均年降水量主要以增加为主,浙江的平均年降水量主要以减少为主。

3.2.2.3 年降水量变化趋势的空间分布

1981—2010 年长三角地区平均年降水量为 1309.7 mm,由北向南依次增加(图 3.9a),年降水量最大值为浙江台州的温岭市(1798.7 mm),最小值为江苏扬州的宝应县(997.8 mm),南北相差约 800 mm。从降水量的变化趋势来看(图 3.9b),整个长三角地区以北部增加、南部减少为主。

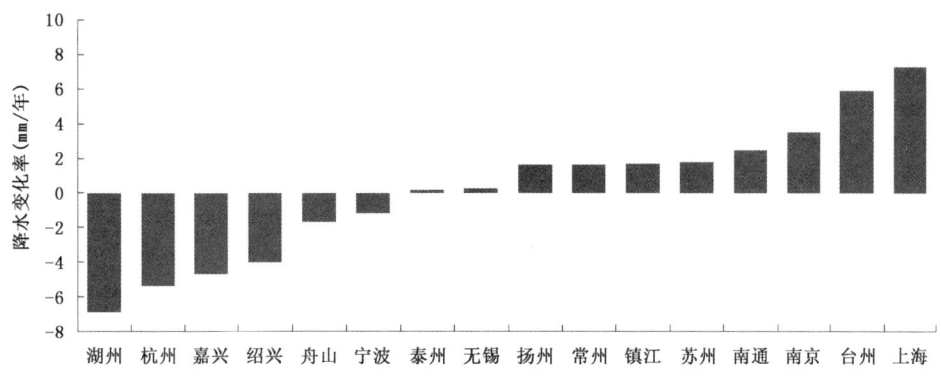

图 3.8　长三角城市群 1981—2010 年平均年降水变化率

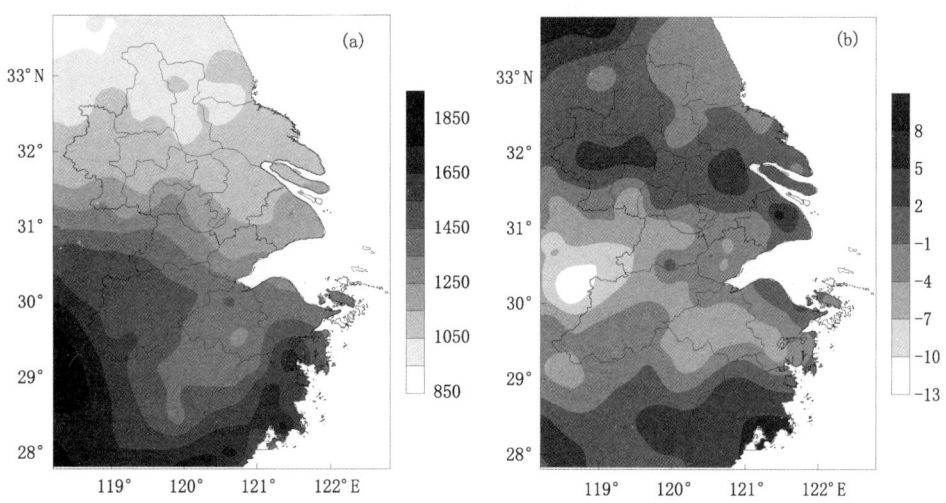

图 3.9　长三角地区 1981—2010 年平均年降水量（a，单位：mm）及降水变化率（b，单位：mm/年）

3.2.3　长三角城市群高影响天气的变化特征

　　本报告选取长三角地区 32 个气象基准站、基本站 1981—2010 年逐日最高、最低气温、日降水量数据和记录的逐月雷暴日数、大风日数和雾日数（图 3.10），分析了长三角地区主要极端天气气候事件（包括极端高温、持续暖夜、暴雨、雷暴、大风和大雾、热带气旋）发生频次（日数）的年际变化和空间分布格局。

　　在本报告中，极端高温日数是指日最高气温≥35℃的日数，持续暖夜日数是指日最低气温≥28℃的持续日数，暴雨日数是指日雨量（20—20 时）≥50 mm 的日数，雷暴、大风和大雾的定义标准与《地面气象观测规范》（中国气象局，2003）一致。

3.2.3.1　极端高温和持续暖夜日数

　　1981—2010 年，长三角地区极端高温日数以 4.6 d/10 年的线性趋势呈显著增加（图 3.11a）。极端高温日数在 21 世纪前 10 年初期较多，而在 20 世纪 80 年代较少。就整个长三角地区平均而言，极端高温日数在 2003 年最多（28.4 d），而在 1982 年最少（3.9 d）。1981—2010 年，长三角地区持续暖夜日数以 0.7 d/10 年的线性趋势呈显著增加（图 3.11b）。持续暖

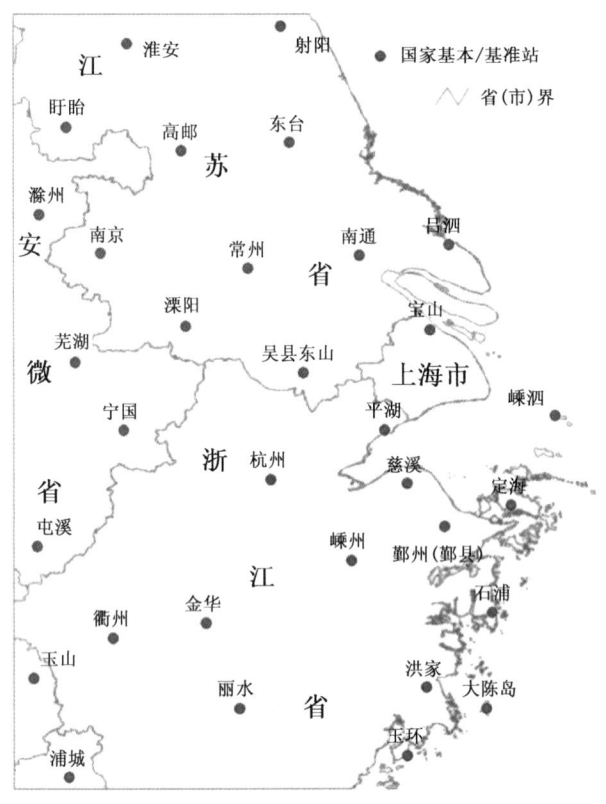

图 3.10　长三角地区范围及所选 32 个气象站点空间分布图

夜日数在 21 世纪前 10 年初期较多,而在 20 世纪 80 年代较少。就整个长三角地区平均而言,持续暖夜日数在 1998 年最多(3.1 d),而在 1982 年最少(0 d)。

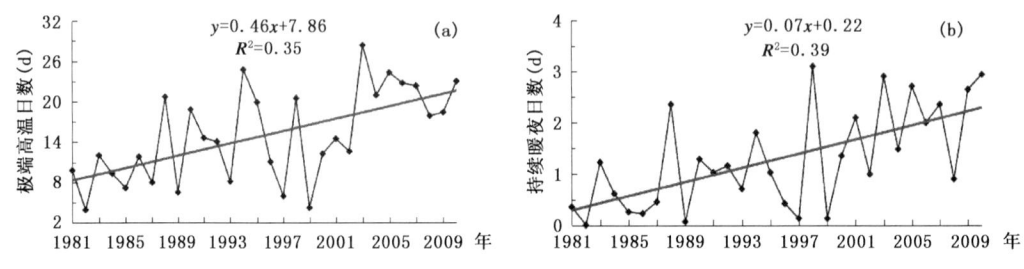

图 3.11　长三角地区 1981—2010 年极端高温(a)和持续暖夜(b)日数的年际变化

　　1981—2010 年,极端高温日数在整个长三角地区都呈增加趋势,在长三角地区北部地区和沿海,包括江苏南部绝大多数地区、安徽东北部、上海和浙江东部沿海,极端高温日数多以 0～6.0 d/10 年的线性趋势增加;而在其他地区极端高温日数多以>6.0 d/10 年的线性趋势增加(图 3.12a)。1981—2010 年,持续暖夜日数在整个长三角地区基本都呈增加趋势,在长三角中部地区,包括江苏南部和西南部、上海和浙江北部,持续暖夜日数多以 0.7～1.8 d/10 年的线性趋势增加;而在其他地区持续暖夜日数多以<0.7 d/10 年的线性趋势增加(图 3.12b)。

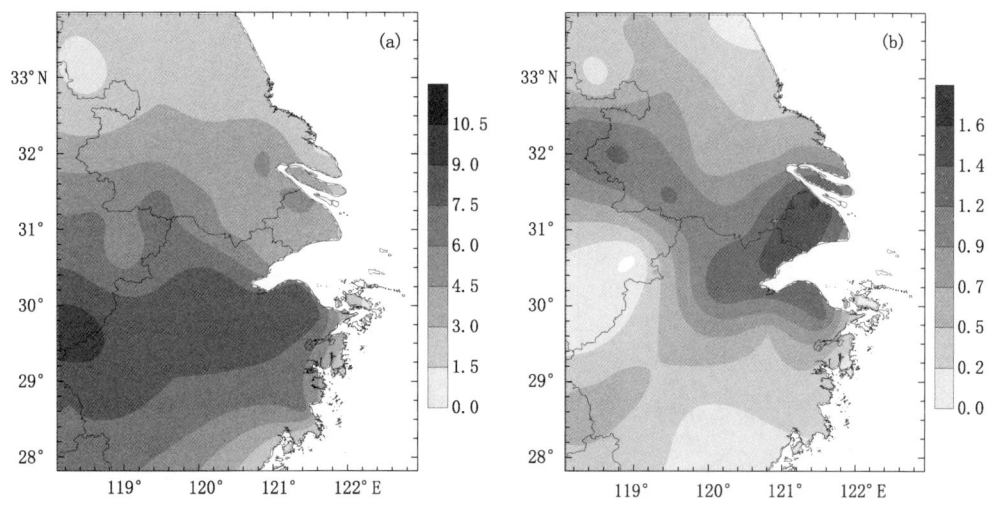

图 3.12　长三角地区 1981—2010 年极端高温(a)和持续暖夜(b)日数变化趋势空间分布(单位：d/10 年)

3.2.3.2　暴雨和雷暴日数

1981—2010 年，长三角地区暴雨日数没有呈显著变化趋势(图 3.13a)。暴雨日数在 20 世纪 80 年代和 21 世纪前 10 年初期较少，而在 20 世纪 90 年代较多。就整个长三角地区平均而言，暴雨日数在 1989 年最多(5.6 d)，其次是 1983 年(5.5 d)，而在 1982 年最少(2.7 d)。长三角地区雷暴日数在 1981—2010 年呈减少的变化特征，但变化趋势在统计上不显著(图 3.13b)。雷暴日数在 20 世纪 80 年代较多，而在 21 世纪前 10 年初期较少(图 3.13b)。就整个长三角地区平均而言，雷暴日数在 1987 年最多(48.4 d)，而在 2001 年最少(26.0 d)。

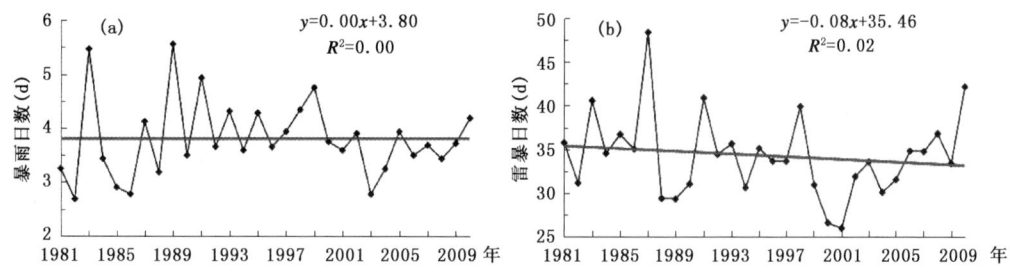

图 3.13　长三角地区 1981—2010 年暴雨(a)和雷暴(b)日数的年际变化

1981—2010 年，长三角地区暴雨日数除在西北部地区和南部地区，包括江苏淮安、高邮和盱眙地区、浙江南部和东南沿海以及江苏东南部和浙江平湖地区以 0~1.0 d/10 年的线性趋势增加外，在其他地区都呈减少趋势，尤其是在安徽、江苏和浙江三省交界处，暴雨日数以高于 0.7 d/10 年的线性趋势减少(图 3.14a)。雷暴日数在长三角地区北部地区，包括江苏南部大部分地区、上海大部和浙江东北部部分地区在 1981—2010 年以 0~4.0 d/10 年的线性趋势增加，而在其他地区雷暴日数都呈减少趋势，尤其是在长三角地区西南部地区，主要是在浙江南部地区雷暴日数以高于 4.0 d/10 年的线性趋势减少(图 3.14b)。

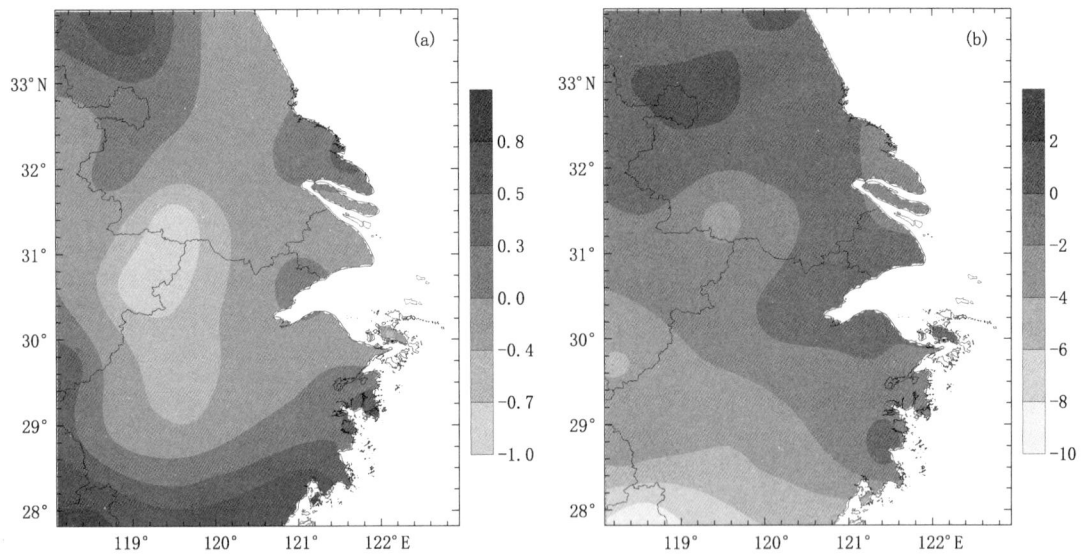

图 3.14　长三角地区 1981—2010 年暴雨(a)和雷暴(b)日数变化趋势空间分布(单位:d/10 年)

3.2.3.3　大风和大雾日数

　　1981—2010 年,长三角地区大风日数以 2.9 d/10 年的线性趋势呈显著减少(图3.15a)。大风日数在 20 世纪 80 年代较多,而 21 世纪前 10 年初期较少。就整个长三角地区平均而言,大风日数在 1981 年最多(23.0 d),而在 2003 年最少(9.1 d)。1981—2010 年,长三角地区大雾日数以 6.8 d/10 年的线性趋势呈显著减少(图 3.15b)。大雾日数在 20 世纪 80 年代较多,而在 21 世纪前 10 年初期较少。就整个长三角地区平均而言,大雾日数在 1983 年最多(47.4 d),而在 2009 年最少(23.1 d)。

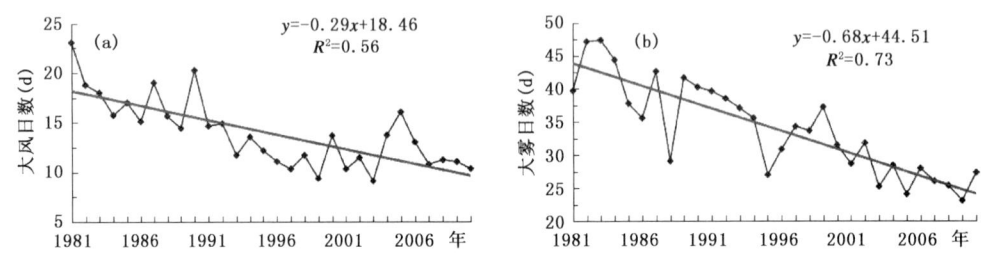

图 3.15　长三角地区 1981—2010 年大风(a)和大雾(b)日数的年际变化

　　大风日数除在长三角地区北部部分地区略有增加外,在长三角地区其他大部分地区都呈减少趋势,以浙江东北部沿海大风日数减少较为明显,多数地区以超过 8.0 d/10 年的线性趋势减少;而在长三角地区中部和西部地区,大风日数在多数地区以低于 4.0 d/10 年的线性趋势减少(图 3.16a)。1981—2010,长三角地区大雾日数除在西南部极个别站点略有增加外,在长三角地区其他地区多以 0~12.0 d/10 年的线性趋势减少(图 3.16b)。

3.2.3.4　热带气旋

　　1961 年以来,影响长三角地区的台风有 206 个,平均每年 4.4 个,最多年份是 1985 年与

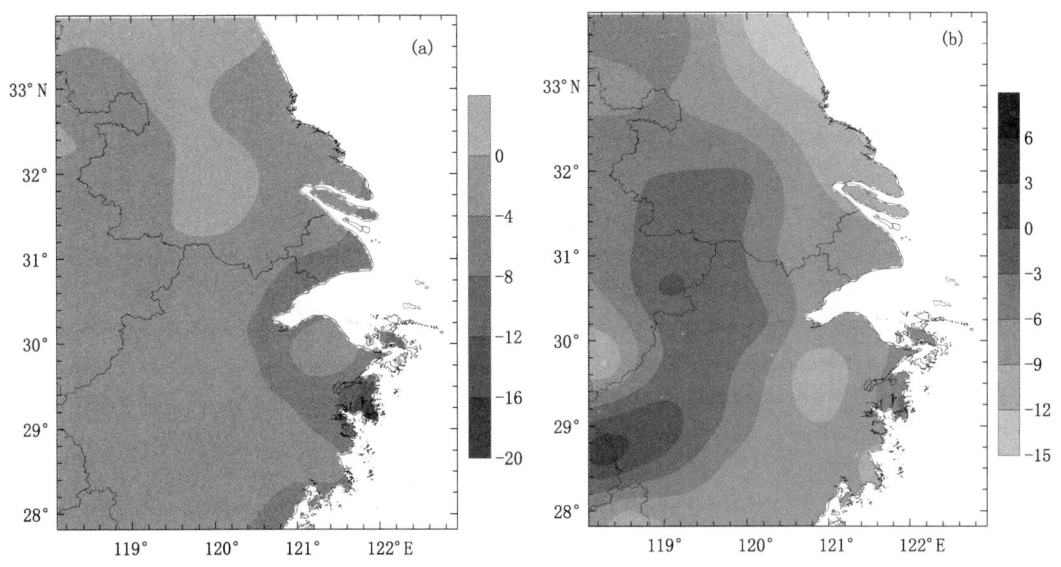

图 3.16　长三角地区 1981—2010 年大风(a)和大雾(b)日数变化趋势的空间分布(单位:d/10 年)

2002 年,各有 9 个。自 1949 年以来,登陆长三角地区的台风有 33 个,平均每年 0.5 个,最多年份为 1989 年,有 3 个。从 1949 年以来影响及登陆长三角地区台风数没有呈增加趋势(图3.17),但台风的强度却明显增强,登陆时中心平均风速由 20 世纪 50 年代的 26 m/s 增加到21 世纪的 47 m/s(图 3.18)。台风来得更早,去得更晚,而且严重影响长三角地区的台风强度增大。台风的影响主要集中在 6—9 月,此时段共出现 156 个,占台风影响总数的 76.1%,其中 8 月最多,有 46 个,占总次数的22.6%。登陆长三角地区的台风一般出现在 7—9 月,其中8 月最多,有 18 个,占总次数的 50%。

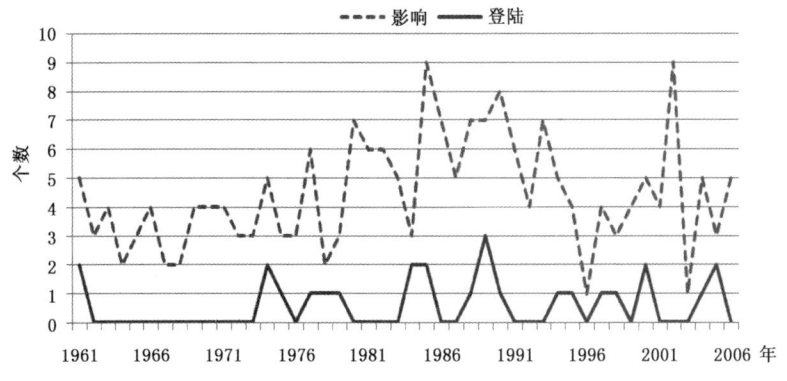

图 3.17　影响及登陆长三角地区热带气旋频数的时间演变

　　在 33 个登陆长三角地区的台风中,在江苏登陆的有 5 个,在上海登陆的有 3 个,其余在浙江登陆,登陆地点以浙江象山与温岭最多,分别达 6 次。从分布上看(彩图 3.19):影响长三角地区的台风从西北到东南逐渐增多,大部分地区平均每年在 2 次以上,宁波以南沿海及海岛在5 次以上,上海、杭州也可达到 4~5 次,影响最少区域分布在长三角地区北部,达 2~3 次。

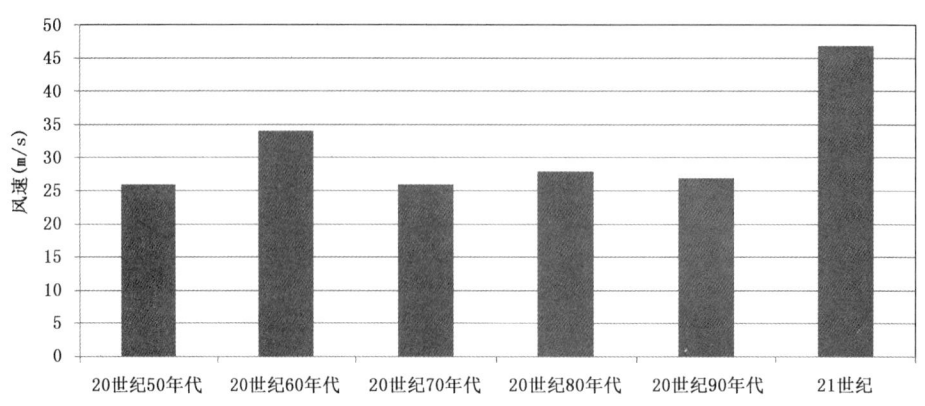

图 3.18　长三角地区各年代台风登陆时中心平均风速

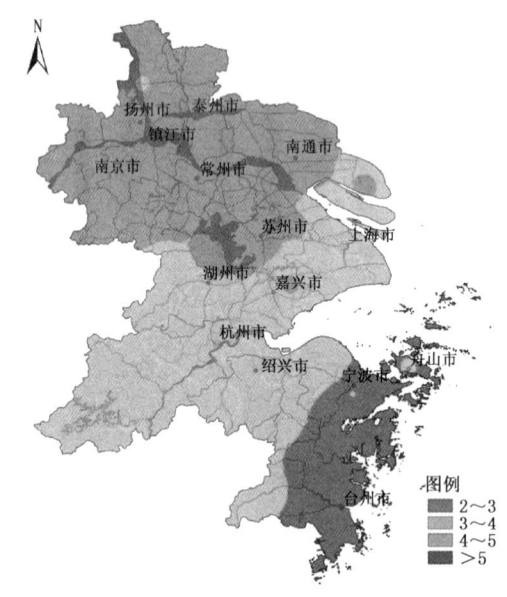

图 3.19　长三角地区影响台风频数分布(次/年)

3.2.4　城市化在局地气候变化中的贡献

3.2.4.1　事实

随着城市化的快速发展,城市消费和生产所排出的温室气体已占到温室气体总量的70%,成为当今世界最大的温室气体来源。目前环境研究中很重要的一个方面就是定量评估人类活动对于气候变化的影响。由于没有天气过程会长期保持 7 d 的周期,因此,气象要素周周期的存在是人类活动影响气候的有力证据之一(Gordon,1994)。

早期研究发现(Simmonds et al.,1986),澳大利亚墨尔本冬季降水与最高气温存在周循环即周末气温高于周中、周中降水量多于周末的现象,随后有学者在全球范围内发现了多种气象要素均存在周周期和周末效应。Forster 等(2003)利用气温日较差资料在美国、墨西哥、日本和中国发现了周末效应的存在;Cerveny(1998)和 Jin 等(2005)发现,美国东海岸大城市及其邻近地区降水有明显的周循环,周末降水偏多;Bell 等(2008)利用 TRMM 卫星资料也发现,美国东南海岸的降水存在周循环特征;Patrick(2008)对欧洲 8 个国家的周末效应检测发现,气温周循环效应在 1930 年以后显著加强,近 20 年德国存在显著的区域一致的周循环效应。

　　长三角地区是我国经济高速发展的三大区域之一 也是我国人口和城市最密集的地区(顾朝林等,2011),人类活动对气候的影响更易体现(吉中会等,2011),对于研究周末效应现象具有得天独厚的优势。段春锋等(2012)利用 1996—2010 年长三角地区上海和 3 个省会城市(南京、杭州、合肥)的逐日地面观测资料,研究了气温指标的周循环特征(图 3.20),发现气温变化具有明显的周末效应现象,其中气温日较差和日最高气温最为显著,气温变化的周末效应存在季节差异:夏季周末气温指标值比工作日大;其他季节周末气温指标值比工作日小,其中春季周末效应最为显著。

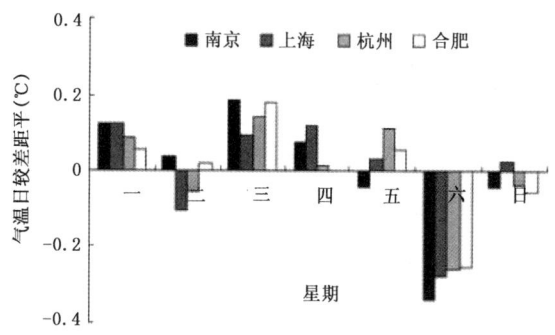

图 3.20　1996—2010 年气温日较差多年平均在周循环的距平分布

3.2.4.2　可能原因

　　现有研究认为,气象要素周周期的存在与人类活动排放的污染物和城市中人为热的排放有关。与人类活动周循环规律类似,很多地区 O_3、CO_2、NO_2 等气溶胶粒子也存在周循环特征。(Beany et al. ,2002;Jin et al. ,2005;Shutters et al. , 2006);Fujibe(2010)利用全日本 29 年气象自动站资料研究了不同级别城市间的周末效应:在人口密度最高的东京地区,假日气温比工作日偏低 0.2~0.25℃。

　　龚道溢等(2006)对我国东部气温日较差的周末效应进行研究后发现,日较差的周末效应在夏季和冬季显示出相反的信号,冬季周末日较差大,而夏季则反之,并指出冬夏季节的不同信号是由于气溶胶对辐射、云、降水存在直接和间接作用的结果;Gong 等(2007)提出气溶胶的周周期是造成气象要素周末效应的可能原因;You 等(2009)的研究还发现在青藏高原中东部地区日较差在秋季是负、冬季是正的周末效应;此外,也有对于北京、兰州(李文莉等,2006)、无锡(章志芹等,2007)等单个城市的案例研究。

　　分析 2006 年上海 5 个臭氧监测站(徐家汇、崇明、宝山、浦东和金山)周末与工作日臭氧浓度的变化规律(图 3.21),发现上海徐家汇与国外许多城市中心一样,存在周末臭氧浓度比工作日高,而臭氧前体物 NO,NO_2,CO 和 VOCs 的浓度却是周末要比工作日低的“臭氧周末效应”。进一步分析表明:周末、工作日臭氧值都随云量增加而降低,并且明显发现徐家汇臭氧“周末效应”随云量增加而逐渐减弱。云量的增加最终结果使臭氧“周末效应”几乎消失,说明徐家汇臭氧"周末效应"是由于臭氧光化学反应引起的。

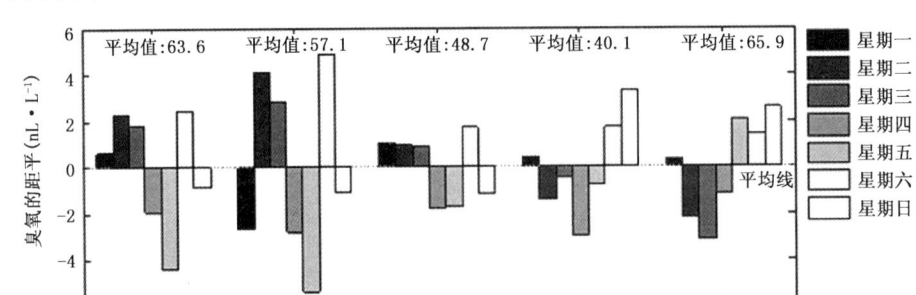

图 3.21　上海(崇明、宝山、浦东、徐家汇和金山)臭氧周末效应

3.3　未来情景下长三角城市群气候变化趋势

3.3.1　未来情景下长三角地区气温和降水的趋势预估

　　本报告利用 NCAR_CCSM3 全球模式的预估资料驱动 RegCM3,开展 A1B(温室气体浓度每年线性增加,直到 2100 年后稳定不变,如 CO_2 的浓度增加到 850 ppm,然后保持不变再运行到 2200 年)情景下 2011—2030 年中国东部地区高分辨区域气候变化预估。区域模式 RegCM3 的水平分辨率为 50 km×50 km,积分范围覆盖整个中国东部地区。选取长三角地区(范围为 118.09°~122.94°E,27.82°~33.85°N)进行重点分析。定义日最高气温大于等于35℃即为一个高温日。而强降水标准的确定方法为:将某一空间点 2011—2030 年所有日的降水量进行从大到小排序,第 1.5% 个数即为该点的强降水标准。一年中大于该强降水标准的日数即为该点的年强降水日。

专栏1　CCSM-RegCM3 模式系统对长三角地区气候模拟能力检验

　　对 IPCC AR4 中 21 个气候模式的评估(顾问,2010)可知,全球各模式模拟的华东区域年平均气温和年降水相对于观测的误差有很大差异,其中 NCAR_CCSM3 和 MRI_CGCM2_3_2 模式对两个要素的模拟均有相对良好的表现,而 NCAR_CCSM 高时间分辨率的资料更易于获得。

　　观测和模式系统模拟的 30 年(1961—1990 年)平均气温和降水分布(图 3.22)。观测气温显示,长三角地区气温呈由北向南逐渐增加的分布;长三角地区北部气温较低,在 13~15℃;长三角地区南部温度较高,在 17℃以上;其余地区气温在 15~17℃。模式系统模拟的气温分布与观测一致,呈由北向南逐渐增加的分布,只是模拟的气温在长三角大部分地区比观测偏低,除浙江东北部和东部沿海外,长三角其余地区均比观测偏低1℃以上,其中长三角地区西南部比观测偏低1℃以上。相关性检验表明,模式系统模拟的长三角地区 30 年平均气温分布与观测的相关系数为 0.52,通过了 99% 的信度检验。

　　观测的长三角地区 30 年平均降水呈由北向南逐渐增多的分布;长三角地区中北部

30 年平均降水在 3 mm/d 以下;长三角地区西南部及南部少部分地区降水在 4 mm/d 以上;其余地区降水在 3～4 mm/d。模式系统模拟的 30 年平均降水分布与观测基本一致,呈由北向南逐渐增加的分布,只是在长三角地区中北部部分地区比观测偏多 10%～20%,在长三角地区南部比观测偏少 10% 以上,其中在长三角地区西南部比观测偏少 20% 以上。相关性检验表明,模式系统模拟的长三角地区 30 年平均降水分布与观测的相关系数为 0.39,通过了 99% 的信度检验。

　　由上分析可知,CCSM-RegCM3 模式系统对长三角地区气温和降水有较好的模拟能力,模式系统基本能模拟出观测气温、降水所体现的由北向南逐渐增加的空间分布格局;只是模拟的气温比观测偏低,模拟的降水在长三角地区中北部部分地区比观测偏多,在长三角地区南部比观测偏少;模式系统模拟的 30 年平均气温、降水分布与观测的相关系数均通过了 99% 的信度检验。

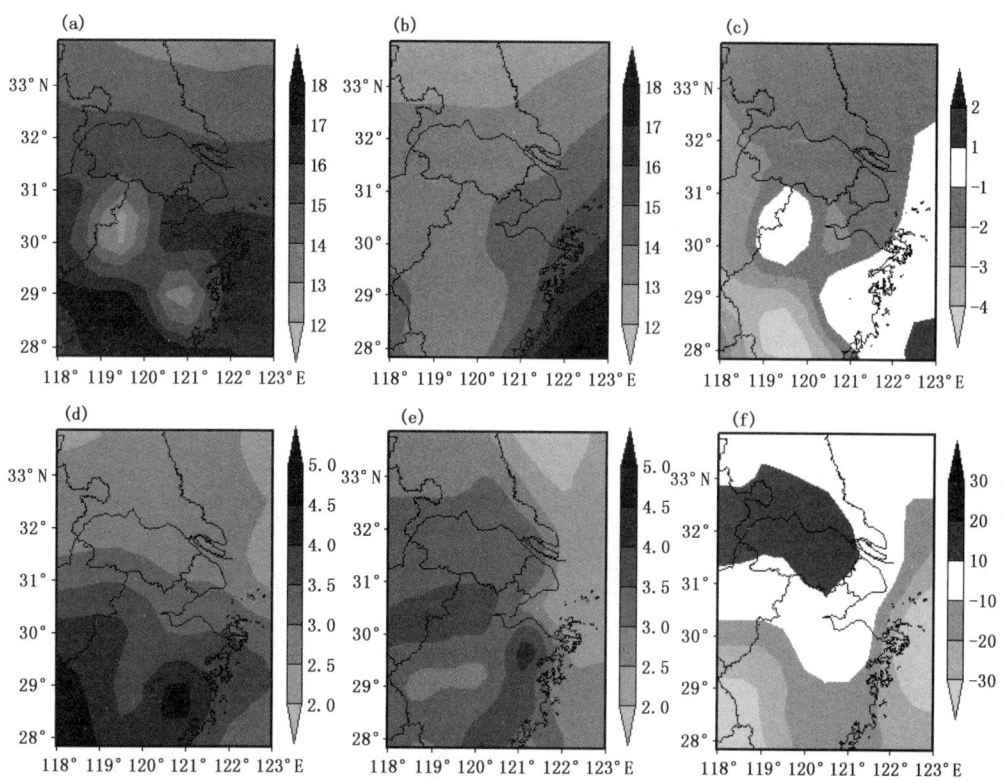

图 3.22　观测和模式系统模拟的 30 年(1961—1990 年)平均气温和降水分布

(a.观测气温;b.模拟气温;c.模拟气温—观测气温;d.观测降水;e.模拟降水;f.(模拟降水—观测降水)/观测降水(a,b,c 单位:℃;d,e 单位:mm/d;f 单位:%))

3.3.1.1　长三角地区气温的变化趋势预估

　　图 3.23 给出区域气候模式预估的 A1B 情景下长三角地区年平均气温变化趋势。A1B 情景下,整个长三角地区均为升温趋势,升温率为 0.1～0.3℃/10 年,其中浙江西南部较强,为 0.2～0.3℃/10 年,其余地区为 0.1～0.2℃/10 年。

　　图 3.24 给出 A1B 情景下长三角地区平均的年平均气温演变趋势。A1B 情景下,虽然逐

年气温有升有降,总体而言,年平均气温均为上升趋势,升温率为 0.16℃/10 年。

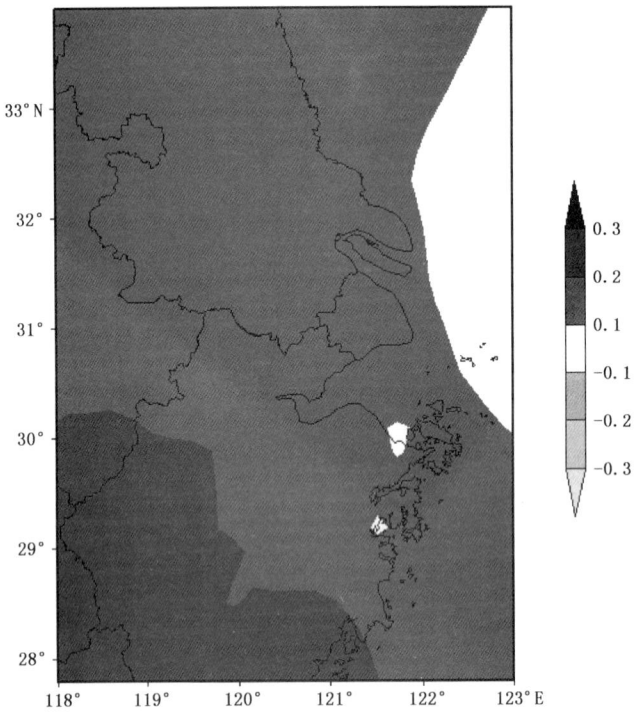

图 3.23　区域气候模式预估的 A1B 情景下长三角地区年平均气温变化趋势空间分布(单位:℃/10 年)

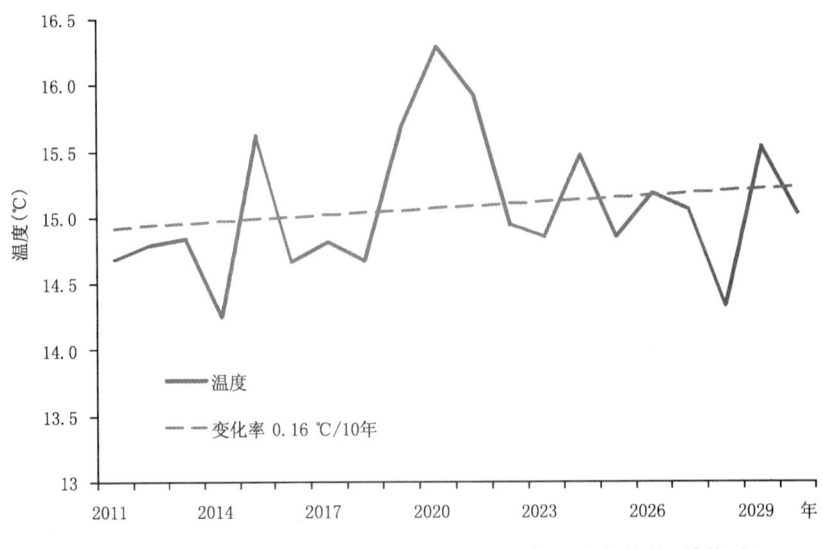

图 3.24　A1B 情景下长三角地区平均的年平均气温变化趋势(单位:℃)

3.3.1.2　长三角地区降水的变化趋势预估

图 3.25 给出区域气候模式预估的 A1B 情景下长三角地区大部分地区年降水量呈增加趋势,其中江浙交界处、浙江东北部和上海中南部增加趋势最为明显,达 6~10 mm/年。

图 3.26 给出 A1B 情景下长三角地区平均年降水量演变趋势。区域平均的降水量呈微弱

增加趋势,变化率为 3.4 mm/年。

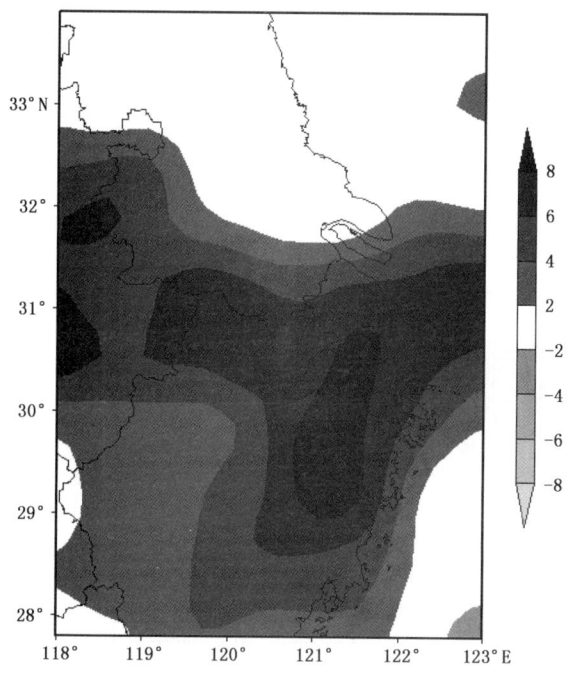

图 3.25　区域气候模式预估的 A1B 情景下长三角地区年降水量变化趋势空间分布(单位:mm/年)

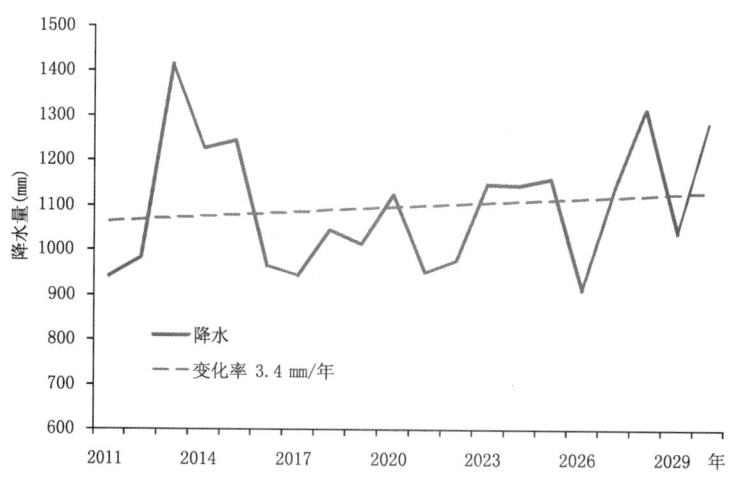

图 3.26　A1B 情景下长三角地区平均年降水量变化趋势(单位:mm)

3.3.1.3　长三角地区年高温日数变化趋势的空间分布

图 3.27 给出 A1B 情景下长三角地区年高温日数变化趋势空间分布,浙江东北部沿海和上海呈微弱减少趋势,变化率为 $-0.5\sim1$ d/10 年;浙江西北部呈显著增加趋势,变化率为 $-0.5\sim2$ d/10 年。

3.3.1.4　长三角地区年强降水日数变化趋势的空间分布

图 3.28 给出 A1B 情景下长三角地区年强降水日数变化趋势空间分布,长三角大部分地区呈增

多趋势,其中江苏南部、浙江北部和中部部分地区以及上海中北部增加趋势明显,达 0.1～0.2 d/年。

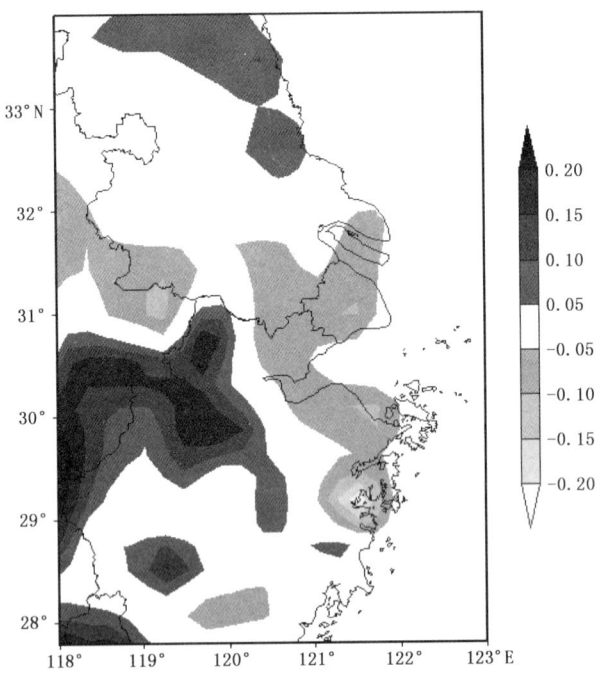

图 3.27 区域气候模式预估的长三角地区年高温日数变化趋势空间分布(单位:d/年)

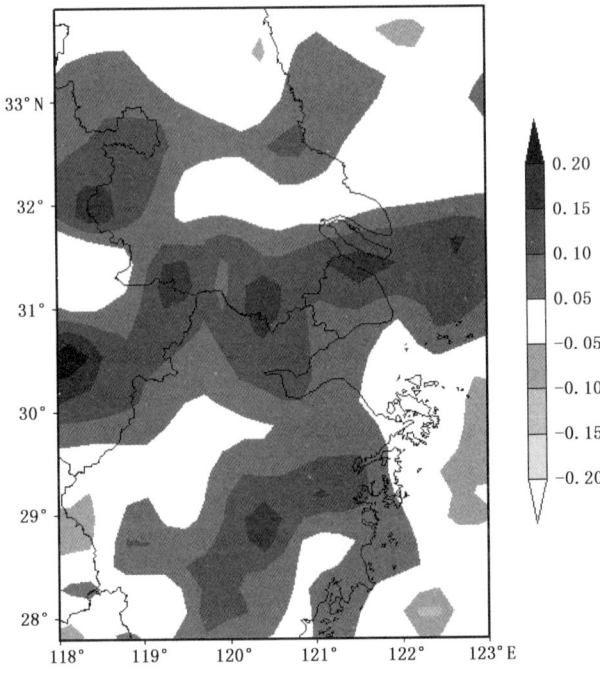

图 3.28 区域气候模式预估的长三角地区年强降水日数变化趋势空间分布(单位:d/年)

3.3.2　未来情景下热带气旋的趋势预估

本报告利用 MIROC-ESM-CHEM 模式月尺度资料和热带气旋最佳路径数据集,通过对热带气旋异常年份大气环流背景(西北太平洋副热带高压、环境风垂直切变)的分析,预估了2011—2040 年中等排放情景(RCP4.5)和高等排放情景(RCP8.5)下热带气旋的可能变化特征。

3.3.2.1　热带气旋异常年份大气环流特征分析

将 1949—2011 年,气旋发生频次的偏差大于标准差的年份作为异常年。根据这个标准,热带气旋异常多年有 9 年(1960 年、1961 年、1964 年、1966 年、1967 年、1971 年、1974 年、1989年和 1994 年),热带气旋异常少年有 8 年(1951 年、1956 年、1957 年、1969 年、1979 年、1998年、1999 年和 2003 年)。对热带气旋异常多年和异常少年的大气环流特征做合成分析。

西北太平洋副热带高压。对热带气旋异常多年和少年的 500 hPa 高度场做合作分析(图3.29),可以看出,气旋异常多年 500 hPa 高度场为负距平,5870 gpm 线包围的副高面积只有异常少年的 1/4,且副高主体位置偏北、南界偏北。

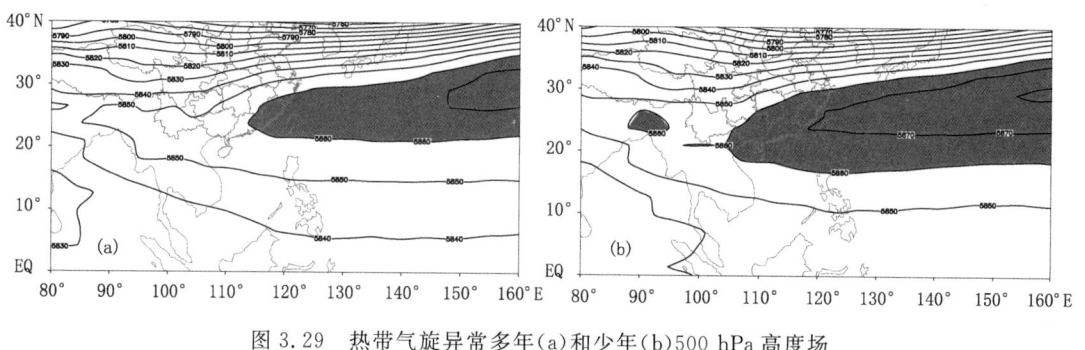

图 3.29　热带气旋异常多年(a)和少年(b)500 hPa 高度场

环境风垂直切变。对热带气旋异常多年和少年的环境风垂直切变做合成分析(图 3.30),可以看出,气旋异常多年切变距平场在南海及 120°E 以东的西太平洋有负距平中心,该地区有利于热带气旋的生成;在异常少年该地有切变正距平中心,不利于台风的生成。

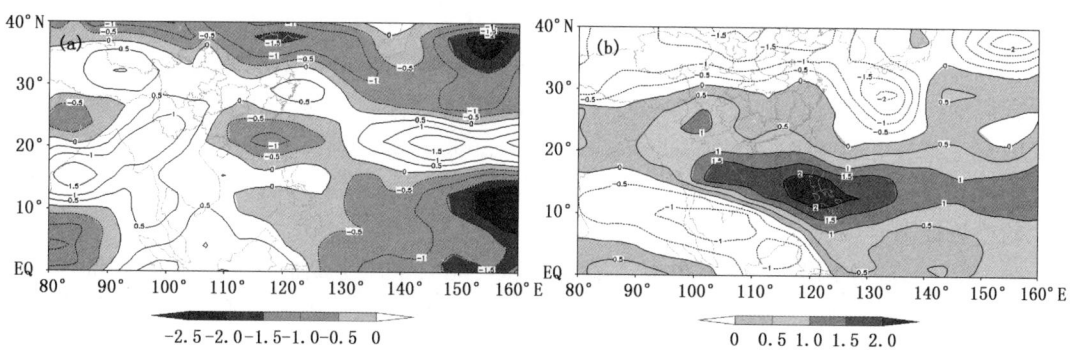

图 3.30　热带气旋异常多年(a)和少年(b)环境风垂直切变距平场(单位:m/s)

3.3.2.2　影响热带气旋的大气环流特征预估

西北太平洋副热带高压。图3.31给出了2011—2040年30年中等和高等排放情景下500 hPa高度场的分布,可以看出,未来两种情景下副高强度增强、范围扩大并南压,RCP8.5情景下,副高的增强和南压更为显著,这不利于热带气旋的发生发展。

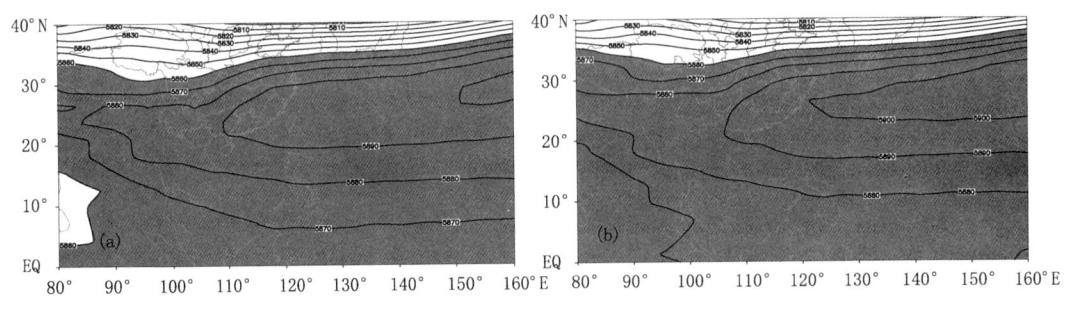

图3.31　2011—2040年RCP4.5(a)和RCP8.5(b)情景下500 hPa高度场

环境风垂直切变。图3.32给出了2011—2040年30年中等和高等排放情景下环境风垂直切变距平场的分布,可以看出,环境风垂直切变在西太平洋地区均具有正距平,RCP4.5情景下正距平范围较RCP8.5情景大,也不利于热带气旋的发生发展。

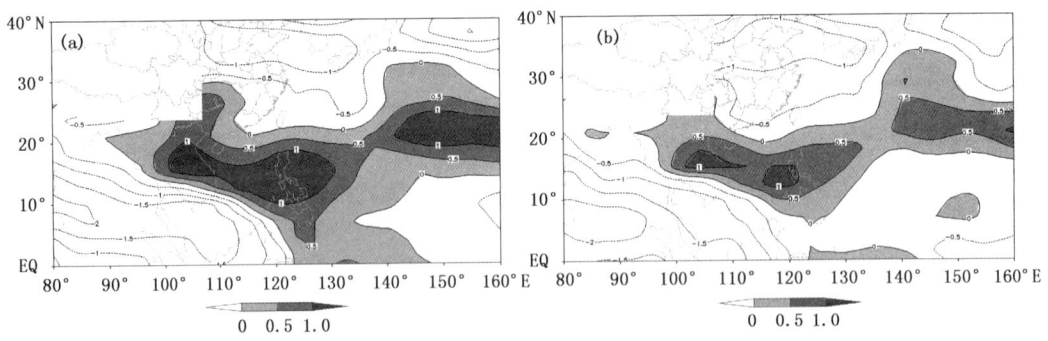

图3.32　2011—2040年RCP4.5(a)和RCP8.5(b)情景下环境风垂直切变距平场(单位:m/s)

3.3.2.3　热带气旋的气候变化趋势预估

由以上的分析可知,热带气旋偏多年份,副热带高压偏北,且强度偏弱,而环境风垂直切变偏小。未来30年,无论是中等还是高等排放情景下,副热带高压的强度均有加强且南压,环境风垂直切变增加。也就是说,未来30年大气环流的特征不利于热带气旋的发生发展,即热带气旋的发生频数可能减少。分别以2011—2020年、2021—2030年、2031—2040年三个阶段研究发现(图略),2011—2020年热带气旋减少的趋势将最大,2031—2040年次之,2020—2030减少的趋势最小。

对1952—1998年影响华东的热带气旋频数和西北太平洋生成的热带气旋频数做相关分析,二者的相关系数为0.396,通过0.01显著性水平检验。那么,在未来西北太平洋热带气旋频数可能减少的情景下,影响华东以及长三角地区的热带气旋频数也将可能减少。

研究指出(Walsh et al.,2004;Knutson et al.,2004),未来全球变暖条件下,强台风的发生概率将增大,也就是说,单个热带气旋的影响将可能增大。因此,虽然未来热带气旋的频数可能减少,但产生的影响需要更多关注。

参考文献

陈春根,史军.2008.长江三角洲地区人类活动与气候环境变化[J]. 干旱气象,**26**(1):28-34.

段春锋,缪启龙,马利,等.2012.长江三角洲地区气温变化的周末效应[J].长江流域资源与环境,**21**(4):483-488.

高晓清,汤懋苍,朱德琴.2004.关于气候系统和地球系统的若干思考[J].地球物理学报,2004,**47**(2):364-368.

龚道溢,郭栋,罗勇.2006.中国夏季日降水频次的周末效应[J].气候变化研究进展,**12**(3):131-134.

顾朝林,张晓明,王小丹.2011.气候变化・城市化・长江三角洲[J].长江流域资源与环境,**20**(1):1-8.

顾问,陈葆德,杨玉华,等.2010.IPCC-AR4 全球气候模式在华东区域气候变化的预估能力评价与不确定性分析[J].地理科学进展,**29**(7):818-826.

吉中会,郭永芳,查良松.2011.城市化对长江下游沿江城市气温影响的对比研究[J].长江流域资源与环境,**20**(5):559-566.

李文莉,李栋梁,杨民.2006.近 50 年兰州城乡气温变化特征及其周末效应[J].高原气象,**25**(6):1161-1167.

刘洪利,李维亮,周秀骥,等.2005.长江三角洲地区区域气候模式的发展和检验[J].应用气象学报,**16**(1):24-34.

史军,梁萍,万齐林,等.2011.城市气候效应研究进展[J].热带气象学报,**27**(6):942-951.

王煜坤,黄建中.2010.2000 年以来长三角城市群交通与空间布局演变研究[C].规划创新:2010 中国城市规划年会论文集,1-10.

王振波,方创琳,王婧.2011.1991 年以来长三角快速城市化地区生态经济系统协调度评价及其空间演化模式[J].地理学报,(12):1657-1668.

章志芹,唐健,汤剑平.2007.无锡空气污染指数、气象要素的周末效应[J].南京大学学报(自然科学),**43**(6):643-654.

中国气象局.2003.地面气象观测规范[M].北京:气象出版社.

Beany G,Gough W A. 2002. The influence of tropospheric ozone on the air temperature of the city of Toronto, Ontario, Canada[J]. *Atmos Environ*,**36**(2):19-25.

Bell T L,Rosenfeld D,Kim K M,Yoo J M,*et al*. 2008. Midweek increase in US summer rain and storm heights suggests air pollution invigorates rainstorms[J]. *J. Geophys. Res*,**113** D02209.

Cerveny S,Balling R C Jr. 1998. Weekly cycles of air pollutions,precipitation and tropical cyclones in the coastal NW Atlantic region[J]. *Nature*,**394**:561-563.

Forster P M D F,Solomon S. 2003. Observations of a 'weekend effect' in diurnal temperature range[J]. *Proc. Natl. Acad. Sci.*,**100**:11225-11230.

Fujibe. 2010. Day-of-the-week variations of urban temperature and their long-term trends in Japan[J]. *Theor Appl Climatol*,393-401,DOI 10.1107/s00704-010-0266-y

Gong D Y,Ho C H,Chen D,*et al*. 2007. Weekly cycle of aerosol-meteorology interaction over China[J]. *Journal of Geophysical Research*,**112**(D22202):doi:10.1029/2007JD008888.

Gordon A H. 1994. Weekdays warmer than weekends[J]. *Nature*,**367**:325-326.

Jin M L,Shepherd J M,King M D. 2005. Urban aerosols and their variations with clouds and rainfall:A case study for New York and Houston. *Journal of Geophysical Research*,**110**(D10S20):doi:10.1029/2004JD005081.

Knutson Y R，Tuleya R E. 2004. Impact of CO_2-induces warming on hurricane intensity and precipitation：sensitivity to the choice of climate model and convective parameterization [J]. *J. Clim.*，**17**(18)：3477-3495.

Kukla G，Gavin J，Kari T R. 1986. Urban warming[J]. *J Clim Appl Meteorol*，**25**：1265-1270.

Patrick Laux，Harald Kunstmann. 2008. Detection of regional weekly weather cycles across Europe[J]. *Environment Research Letters*，doi：10. 1088/1748-9326/3/4/044005.

Shutters S T，Balling R C Jr. 2006. Weekly periodicity of environmental variables in Phoenix[J]. *Arizona Atmos Environ*，**40**：304-310.

Simmonds I，kaval J. 1986. Day-of-week variation of rainfall and maximum temperature in Melbourne[J]，*Australia Archs Meteorol Geophys Bioclimatol*，**B36**：317-330.

Walsh K J，Nguyen K C，McGregor J L. 2004. Fine-resolution reginal climate model simulations of the impact of climate change on tropical cyclone near Australia [J]. *Clim. Dyn.*，**22**(1)：47-56，DOI：10. 1007/S00382-003-0362-0.

You Q L，Kang S C，Flügel W A，*et al*. 2009. Does a weekend effect in diurnal temperature range exist in the eastern and central Tibetan Plateau[J]. *Environmental Research Letters*，**4**：045202.

第 4 章　长三角城市群气候变化脆弱性评估

摘要:基于 IPCC 特别报告的脆弱性定义,从敏感性和适应性两个层次选取经济、人口、社会、基础设施、土地利用和制度等方面的气候脆弱性指标。利用因子分析得到 5 个气候脆弱性因子,按权重大小依次为社会经济发展因子、气候敏感因子、社会保障因子、气候防护因子、生态环境因子。社会经济发展因子权重明显高于社会保障因子、气候防护因子和生态环境因子,可能说明较发达城市在气候防护、规划、适应制度和治理等方面滞后于社会经济发展,增量型气候适应不足。

《气候变化 2007:综合报告》(IPCC,2007)预估到 21 世纪 50 年代,在中亚、南亚、东亚和东南亚地区,特别是在大的江河流域可用淡水会减少;由于来自海洋的洪水以及在某些大三角洲地区来自河流的洪水增加,在海岸带地区,特别是在南亚、东亚和东南亚人口众多的大三角洲地区将会面临最大的风险。长三角城市密集区的气候暴露度高、人口和产业密集等特征决定了它的气候变化风险会不断增加。因此,长三角城市密集区迫切需要气候变化脆弱性研究,以了解气候事件导致灾害的过程和机制,并实施有效的气候适应措施和行动,降低长三角城市气候变化风险。

4.1　长三角城市群气候变化脆弱性评价指标体系构建

4.1.1　气候脆弱性的概念

脆弱性的概念最早出现在自然灾害研究中,脆弱性是指物理(biophysical)脆弱性,强调气候变化特征和暴露程度对脆弱性的影响(White et al.,1975)。在政治生态学领域,O'Keefe 等(1976)认为,脆弱性的主要驱动因素是人,强调经济、社会、文化、政治过程对脆弱性的影响。

政府间气候变化专门委员会(Intergovernmental Panel on Climate Change,简称 IPCC)发布《管理极端事件和灾害风险推进气候变化适应特别报告》(简称《气候变化特别报告》),认为极端气候影响的特征和严重性不仅取决于极端气候本身,而且还取决于暴露度和脆弱性(图4.1)。脆弱性是指人类及其生计以及物理、社会、经济支持系统遭受到灾害事件时的一种易受影响和易受损害的内在特质,是系统敏感性和适应能力的函数。敏感性是指某个系统受气候变率或气候变化影响的程度,包括不利的和有利的影响。适应能力是指某个国家或区域采取有效适应措施所需的能力、资源和机构的总和(IPCC,2001)。适应均能够降低脆弱性,而来自于当前的气候灾害、贫困和资源获取上的不公平、粮食不安全、经济全球化趋势、冲突以及诸如艾滋病等疾病发生的压力将加剧系统对气候变化的脆弱性(IPCC,2012)。

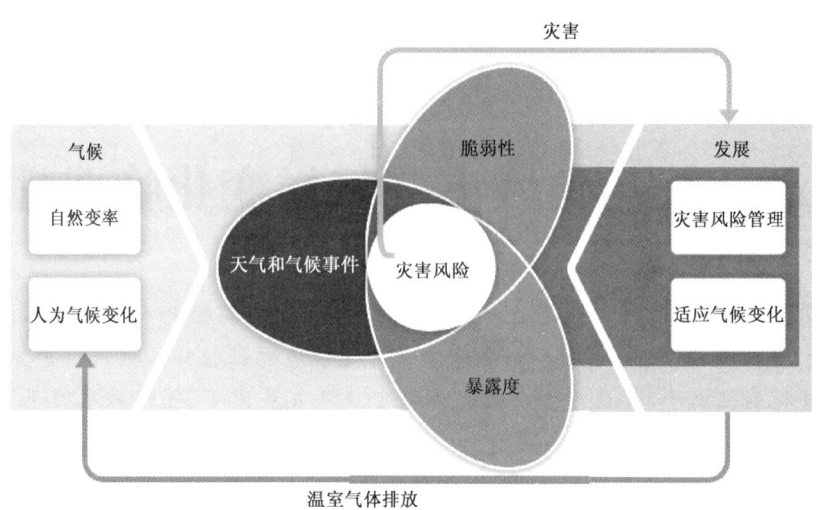

图 4.1　灾害风险组成示意图

4.1.2　长三角城市气候脆弱性驱动因素分析

据政府间气候变化委员会小组(IPCC)预估,到 21 世纪 50 年代,海岸带地区,特别是在南亚、东亚和东南亚人口众多的大三角洲地区将会面临最大的风险(IPCC,2007)。受全球气候变化和城市化进程影响,近 40 年来,长三角大部分地区降水量、暴雨日数和平均暴雨强度有所增加,强降水、雷雨大风、冰雹、台风等灾害性天气频繁。上海最近 11 年发生短时强降水、雷雨大风等灾害性天气 460 多次,平均每年 40 多次(徐长乐,2011)。受海平面上升、风暴潮加剧、地面沉降和海岸侵蚀等因素的共同影响,中国海岸带地区咸潮入侵强度和频率增加。2006 年长江发生特枯水情,入海径流减少,盐水入侵时间从往年的 12 月提前到汛期 9 月,咸潮入侵的强度和持续时间直逼上海城市供水的极限(科学技术部社会发展科技司,2011)。《长江流域气候变化脆弱性与适应性研究》(徐明等,2009)指出,近 30 年来,上海沿海海平面上升了 115 mm,高于全国沿海平均的 90 mm。海平面上升和降雨增加还会在这些地区导致传染病的暴发,而这些地区的经济也将面临崩溃的可能。

气候脆弱性与人类活动密切相关。生产、生活等基本功能性活动会导致城市结构性和功能性弱点的凸现,以及城市承灾体物理结构及特征的变化也会加重脆弱性(王迎春等,2009)。城市化导致城市人口大量增长,城市对外部资源环境的依赖性更大,以及城市人口老龄化趋势、社会经济发展不均衡等社会经济变化,导致社会经济脆弱性加大。环境污染日益严重,城市土地利用方式的巨大变化等加剧了城市生态和环境脆弱性。

(1)城市群人口总量和结构特征

21 世纪以来,长三角地区城市密集区常住人口持续增长。2012 年,上海常住人口达到 2380 万人,其中外来人口达 960.24 万人,占常住人口比重为 40%。上海从 1979 年进入老龄化社会,是中国最早进入老龄社会的城市。2012 年,户籍人口中老龄人口达 368 万人,比重为 25.8%,老年人口高龄化趋势明显,老年抚养系数不断增加。

2012 年,江苏省的南京、无锡、常州、苏州、南通、扬州、镇江、泰州 8 个长三角城市密集区人口为 4941.15 万人,占江苏省总人口的 62.4%。而在 2004 年,这 8 个长三角城市密集区人口为 3605.5 万人,仅占江苏省总人口的 48.5%。从江苏省各年人口普查数据来看,江苏省城市化进程以及人口老龄化趋势非常明显①。

长三角城市密集区城市中,包括浙江省的杭州、宁波、嘉兴、湖州、绍兴、舟山、台州 7 个城市。2012 年这 7 个城市的人口总数占浙江省总人口的 62.8%。2012 年,浙江省 60 岁以上老年人口比重为 18%,长三角城市密集区城市中除台州(16.3%)外,其余均在 18.4%~21.3%②。

总体来看,长三角城市人口总量增长,城镇人口比重增加趋势明显,并且人口向长三角城市密集区集中的趋势明显。长三角城市群人口增长主要来自迁入人口以及外来常住人口的增加,这减缓了大城市人口老龄化趋势,为长三角城市发展提供了大量劳动力,为城市发展做出很大贡献,但同时也加剧了公共资源的紧张程度。流动人口在收入水平、居住条件、灾害知识和经验方面的欠缺,这使得他们具有很强的气候脆弱性(Wang et al.,2012)。人口老龄化和高龄化趋势是长三角城市发展面临的严峻挑战。老龄化增加了与热浪有关的疾病和死亡的风险。

(2)土地利用方式

长三角城市群空间结构不断优化的同时,城市建设用地大幅增长,建设用地由点到面不断扩展。2005 年,长三角城市群建设用地达到 17783 平方千米,是 1990 年的 2.5 倍。1990—1995 年、1995—2000 年、2000—2005 年建设用地年均增长速度分别为 4.76%、4.09% 和 11.74%(李娜,2010)。长三角城市群土地利用效率呈弱衰退的趋势,技术有所进步,但技术效率有所下降(许建伟等,2013)。

长三角城市群的扩张、城市建设用地的增加,导致土地类型出现显著的变化,主要表现水域和耕地面积与比例的急剧减少,城镇建设用地的增加(王振波等,2011;程江等,2009)。上海城市在长期高强度开发的驱动下,大量河道被填埋,河道淤积情况严重,河网水系呈现锐减趋势,1990—2009 年,上海市河网密度由 6.5 km/km^2 降至 3.4 km/km^2,河面密度下降了 67%,其中 200~1000 m 的中小河道消减最快,占总消亡河道的 60%(徐启新等,2003)。这导致城市生态系统服务价值的降低,以上海中心城区为例,1947—2006 年生态系统服务功能价值总量降低了 87.96%(程江等,2009)。土地利用方式的变化改变了城市下垫面条件,并影响城市局地和区域气候(Changnon,1992)。城市下垫面大多数为不透水层,降雨后雨水很快流失,地面比较干燥,再加上植物覆盖面积小,因此其自然蒸发和蒸腾量较小;城市下垫面粗糙度大,其机械湍流和热力湍流都比较强,通过湍流向上输送的水汽量较多,导致城市热岛、雨岛等气候效应(周淑贞等,1994)。城市热岛对城市及周边地区形成增温效应,造成长江入海口附近及苏南地区大范围显著增温(张璐等,2011)。

由此,人口城市化和工业化进程导致城市建成区不断扩张和空间结构进一步网络化状态,加速了城市化对气候变化的影响,在某些地区,其对局地和区域气候的影响甚至超过温室气体的作用,已经成为影响区域和全球变化的一个重要因子(JIN et al.,2005)。在土地开发的过程中,往往忽视气候适应性建设,防洪排涝工程系统欠账过多,增加了城市洪涝风险;破坏了原有植被,造成了水土严重流失,又填平了山涧河沟洼地,使自然排水系统和调蓄系统受到破坏乃至消失。

---

① 数据来源:《江苏统计年鉴,2013》,北京:中国统计出版社。
② 数据来源:《浙江统计年鉴,2013》,北京:中国统计出版社。

（3）环境因素

长三角城市群空间结构优化、区域一体化进一步加强的同时，区域性的资源、生态和环境问题也日益突出。《城市群蓝皮书：中国城市群发展指数报告（2013）》指出，环境问题是中国快速城市化的普遍问题，"先污染、后治理"的问题以长三角城市群最为严重。长三角地区快速的工业化进程，使这一地区资源及生态环境问题趋于共性化。长三角地区跨界水污染问题非常严重，京杭运河长三角地区段、太湖、长江中下游段、钱塘江段等水资源都受到不同程度的污染。在长三角核心区域的 16 个城市中，有 14 个属于酸雨控制区，江苏南部、上海和整个浙江更是酸雨的重污染区；核心区域 10 万平方千米范围内，因长期超采地下水，引起了区域性地面沉降与地表裂缝等灾害。上海煤炭消费占一次能源消费的 50％以上，浙江省占 60％以上，江苏占 70％以上，高于全国平均水平 4％～5％个百分点（周易，2011）。节能减排形势严峻，以煤为主的能源结构以及火电站沿江集中分布，是造成沿江地区酸雨和烟尘污染的主要原因；环境生态成本高，特别是太湖流域的水污染严重，流域内普遍出现水质性缺水；劳动力、土地和能源成本上升（徐长乐等，2011）。

分析和总结这些气候灾害，可知气候灾害不仅与气候及其变化有关，也与城市化过程中的环境污染、人口结构、社会发展水平、超采地下水、土地利用等因素有关，气候变化引起城市环境和社会经济因素的脆弱性加大将加剧气候灾害风险。极端天气气候事件发生的强度和频率一般不能为人们所控制，但通过合适的气候变化适应措施和行为，可以降低城市气候暴露度和脆弱性，从而降低城市气候变化风险（姜允芳等，2012；郑艳，2012）。

4.1.3 长三角城市气候脆弱性评估指标体系

基于脆弱性定义，本文从敏感性和适应性两个层次选取经济、人口、社会、基础设施、土地利用和社会保障等方面的指标，用以反映城市气候灾害脆弱性。

（1）经济脆弱性

气候变化情况下，台风、暴雨、洪涝、干旱、冷冻、雾雪等将对农业、交通运输业等造成直接冲击，间接影响其他行业，如住宿餐饮、商务、生产、保险业等。因此，农业、交通运输是直接对气候变化敏感的经济部门。城市对气候敏感部门的依赖程度越强，则城市气候变化敏感性越强。农业对气候依赖性很大，因此，农业占 GDP 的比重越大，则城市的气候敏感性越强。交通运输业是城市的生命线，许多行业都与交通运输业有直接联系，城市对交通运输业的依赖性越强，则对气候变化越敏感。因此，本节设计了客运量和货运量与 GDP 的比值指数，以反映城市对交通运输的依赖程度。

经济脆弱指标中选取灾害损失占 GDP 的比重、农业占 GDP 比重和交通运输运量与 GDP 比值指数作为气候敏感性指标。人均 GDP 作为气候适应性指标。

（2）人口和社会脆弱性

从人口结构来看，老幼人口应对灾害的能力差，需要外界的帮助（Ngo，2001；Anderson，2005；Smith et al.，2009）。Morrow（1999）从社会角度分析了主要的社会脆弱群体，包括低收入群体、老人以及小孩等，他们是相对更容易受到伤害的群体。贫穷问题更是加重了气候变化所造成的损失，许多民众为了生计宁可住在危险地区（仲伟东，2012）。随着长三角城市人口老龄化程度加深，城市贫困人口和外来人口不断增加，气候脆弱性人群会不断增加，从而增加气候治理的难度。教育、保险水平等是气候适应能力的重要体现，能够反映社会的避险意识和风险转移能力。低教育程度群体,特别是文盲人口,其获取各种资源的能力低,生活在城市边缘地带,气候适应能力低。死亡率综合反映城市社会综合脆弱性。人均医师数、GDP 等反映了灾害预防和救援的人力、物力等资源。

因此,选取老幼人口比重(15 岁以下及 65 岁以上人口比重)、文盲率、死亡率作为气候敏感性指标。人均医师数、市政投入占 GDP 比重、人均财政支出和保险密度作为气候适应性指标。

(3) 土地利用

土地利用是指某种土地覆盖类型上的所有安排、活动和采取的措施(一整套人类行为)。土地利用变化是指人类改变的土地利用和管理,可导致土地覆盖的变化。土地覆盖和土地利用变化会对反照率、蒸腾、温室气体的源和汇及气候系统的其他性质产生辐射强迫和(或)影响局地或全球气候(IPCC,2007)。城市人工建筑物快速扩张,改变了城市生态,使裸露的渗水土地面积越来越少,使大部分降雨无法进入地面垫层以下,而形成地面径流,使暴雨洪水的洪量增加,流量增大(吴庆洲,2012)。城里的柏油路、水泥道、房屋等建筑越来越多,越来越高,由此也带来城市的热岛效应越来越厉害(金磊,2000)。城市化过程中忽视自然生态的功能会导致城市气候系统失调,增加城市内涝、热岛效应的风险。本节中选用的指标是绿化覆盖率。

(4)基础设施

城市基础设施是指为城市生产和居民生活提供公共服务的物资部门和工程设施,也称为城市最基本的人工物资承载体(张钟汝等,2001)。我国城市高楼拔地而起的同时,基础设施建设相对落后,基础设施建设投入占 GDP 比重基本都在 0.5%~0.7%徘徊,与世界银行公认的发展中国家城市基础设施建设投入占 GDP 5% 的比重相去甚远(段华明,2010)。特别是气候防护设施严重不足和质量低下,成为城市气候脆弱性的重要原因。

(5) 社会保障

合理的气候适应治理机制和制度将促进资源配置的公平和效率,促进自然环境和社会经济的可持续发展,减少城市环境、社会经济的气候脆弱性,促进气候减缓和适应的协同。收入分配的不平等使弱势群体缺乏气候防护设施和适应能力。因此,城市社会发展不均衡也是气候变化脆弱性的重要方面。在此,选择低保人口比重作为气候脆弱性指标。

根据前述的理论分析,本节选取的气候脆弱性指标体系见表 4.1。

4.2　长三角地区 16 个城市气候变化脆弱性评估模型与分析

4.2.1　评估模型

本节采用因子分析法,通过因子贡献率来确定各主要因子的权重,并用以综合评价。采取的统计模型如下:

$$x_j = \alpha_{j1} f_1 + \alpha_{j2} f_2 + \cdots + \alpha_{jk} f_k + e_j \tag{4.1}$$

式中,$x_j(j=1,2,\cdots,m)$ 为 m 个指标,$f_k(k=1,2,\cdots,l)$ 为 l 个公共因子,e_j 为第 j 个指标的差异因子,$l < m$。α_{jk} 为第 j 个指标在第 k 个公共因子 f_k 上的载荷系数(或权重系数),α_{jk} 越大则 x_j 在公共因子 f_k 上的权重越大。这种方法的优点在于:①因子分析充分利用了指标体系自身

的信息；②根据各因子的方差贡献率，对公共因子客观赋权，达到降维和综合评价的目的，这避免了复杂指标体系评价时对其中各指标赋权的主观性。由于各指标对脆弱性的贡献有正负之分，所以通过指标的标准化处理，将各指标值变为越大越脆弱。

表 4.1　长三角地区 16 个城市气候脆弱性评价指标体系

层面	脆弱性指标[①]	指标性质
基础设施	市政投资占 GDP 比重(%)	适应指标
	建成区排水管道密度(km/km²)	适应指标
土地利用	绿化覆盖率(%)	适应指标
经济	人均 GDP(万元)	适应指标
	第一产业比重(%)	敏感指标
	交通运输业敏感指数	敏感指标
	灾害损失占 GDP 的比重(%)	敏感指标
人口、社会	人均医师数(人/万人)	适应指标
	保险密度(元)	适应指标
	人均财政支出(元)	适应指标
	老幼人口比重(%)	敏感指标
	文盲率(%)	敏感指标
	死亡率(%)	敏感指标
	人均受灾次数	敏感指标
	(人次/万人)	
社会保障	低保人口比重(%)	敏感指标

4.2.2　评估步骤和结果分析

4.2.2.1　数据处理

在综合评价时，将各指标标准化为指标值越大越脆弱，从而使各指标的脆弱性方向保持一致。敏感性指标和适应性指标标准化公式分别为公式(4.2)和(4.3)。

$$x_{ij} = \frac{X_{ij} - \min X_j}{\max X_j - \min X_j} \tag{4.2}$$

$$x_{ij} = \frac{\max X_j - X_{ij}}{\max X_j - \min X_j} \tag{4.3}$$

式中，X_{ij} 为第 j 个指标的第 i 个观测值($i = 1, 2, \cdots, n$)，$\max X_j$ 表示取第 j 个指标的最大值，$\min X_j$ 表示取第 j 个指标的最小值，x_{ij} 表示标准化后的第 j 个指标的第 i 个观测值。

4.2.2.2　因子命名及分析

(1)因子命名

通过因子分析法，得到 5 个公共因子，累计方差贡献率达到 86%。通过因子旋转法得到的因子载荷阵及其权重如表 4.2。人均医师数、人均财政支出、保险密度、15 岁以下及 65 岁以

---

　　① 数据来源：《中国城市建设统计年鉴，2009》、《中国城市统计年鉴，2010》、《中国保险年鉴，2010》、中国国家统计局网站、国家减灾中心及中国国家民政局网站。除死亡率、15 岁以下及 65 岁以上人口比重和文盲率为 2000 年数据，其余均为 2009 年的数据。

上人口比重、死亡率和市政投入占 GDP 比重等指标在第 1 公共因子上有较大的载荷,命名为社会经济发展因子,权重为 37.2%,表明社会经济发展程度是长三角城市群气候脆弱性最重要的驱动因素。

气候敏感性各指标,如交通运输敏感指数、灾害损失占 GDP 比重、人均受灾次数、文盲率及第一产业比重在第 2 公共因子上均有较大的载荷,命名为气候敏感性因子,权重为 32.5%,反映长三角地区各城市经济、社会、文化对气候变化的敏感性。

低保人口比重在第 3 个公共因子上的载荷较大,命名为社会保障因子,其权重为 11.5%,反映社会保障程度或不均衡发展对气候脆弱性的贡献。

建成区排水管道密度在第 4 因子上的载荷较大,命名为气候防护设施因子,权重为 9.6%,反映气候防护基础设施方面的气候脆弱性。

第 5 个因子在绿化覆盖率上的载荷较大,命名为生态环境因子,权重为 9.2%,反映生态环境对气候脆弱性的影响。

表 4.2 旋转后的因子载荷矩阵

	公共因子				
	社会经济发展	气候敏感性	社会保障	气候防护设施	生态环境
	37.2%	32.5%	11.5%	9.6%	9.2%
人均医师数	0.92	0.05	−0.04	−0.10	0.00
市政投入占 GDP 比重	0.61	0.53	−0.08	−0.29	0.02
保险密度	0.88	0.27	−0.19	−0.02	0.15
人均财政支出	0.89	0.11	−0.06	0.04	−0.02
死亡率	0.73	0.14	0.41	0.07	−0.06
15 岁以下及 65 以上人口比重	0.86	0.08	0.16	−0.01	−0.18
人均 GDP	0.52	0.50	0.47	0.33	0.12
人均受灾次数	0.18	0.86	−0.28	0.25	0.03
灾害损失占 GDP 比重	0.15	0.89	−0.16	0.08	−0.15
文盲率	0.31	0.85	0.16	−0.14	−0.06
交通运输业敏感指数	−0.10	0.90	−0.01	0.07	0.11
第一产业比重	0.52	0.67	0.33	0.04	0.23
低保人口比重	−0.04	−0.17	0.93	0.00	−0.09
建成区排水管道密度	−0.06	0.11	0.02	0.97	0.10
绿地覆盖率	−0.05	0.00	−0.07	0.10	0.97

(2)结果分析

在目前的气候脆弱性评估中,社会经济发展因子的权重明显高于气候防护设施因子、社会保障因子和生态环境因子,表明长三角地区 16 个城市在社会经济发展方面有较大的差异。这反映了长三角城市气候防护设施、社会保障制度和生态环境等方面的气候防护和适应能力与社会经济发展的不同步。实际上,较发达城市在气候防护设施、规划、适应制度和治理等方面滞后于社会经济发展。在气候变化背景下,城市气候风险增强,为保护城市的发展成果,促进城市的可持续发展,城市气候防护设施和气候适应能力建设不容忽视。

4.2.2.3 因子得分及脆弱性分析

各城市气候脆弱性总得分及因子得分见表 4.3,得分越高越脆弱,并将总体脆弱性划分为五个等级,等级数越大越脆弱,见彩图 4.2。

表 4.3　因子得分

城市	社会经济发展	气候敏感性	社会保障	气候防护设施	生态环境	总得分
上海	−2.31	−0.58	1.38	0.44	−0.89	−0.93
南京	−1.14	−0.25	0.41	0.96	−1.11	−0.47
无锡	−0.45	−0.51	−0.62	−3.40	−0.40	−0.77
常州	−0.28	−0.73	−0.15	0.33	0.09	−0.32
苏州	−0.38	−1.33	−1.84	0.27	−0.21	−0.78
南通	0.38	−0.35	0.92	0.17	1.30	0.27
扬州	0.73	−0.06	1.01	−0.48	−0.32	0.29
镇江	1.07	−0.64	0.47	0.24	−0.43	0.23
泰州	1.28	−0.23	1.87	−0.14	0.86	0.68
杭州	−0.72	−0.25	−0.61	0.74	0.96	−0.26
宁波	−0.29	−0.19	−0.78	0.07	2.33	−0.04
嘉兴	0.81	0.21	−0.73	0.06	−0.27	0.27
湖州	0.49	0.91	0.47	−0.38	−1.26	0.38
绍兴	1.23	−0.38	−0.75	0.71	−0.60	0.26
舟山	−1.04	2.73	0.06	−0.33	0.89	0.56
台州	0.61	1.69	−1.11	0.72	−0.96	0.63

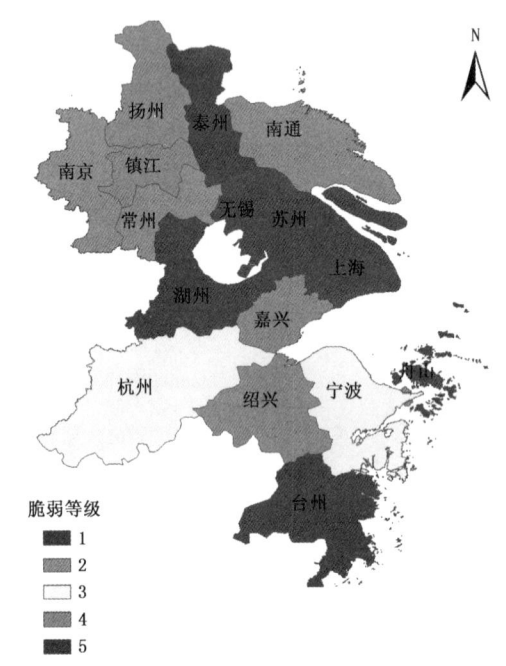

图 4.2　长三角地区 16 个城市气候脆弱等级分布图

（1）城市综合气候脆弱性

总体来看，最脆弱的城市分别为江苏的泰州市，浙江的台州、舟山和湖州，这四个城市在气候敏感性因子和社会发展因子上的脆弱性均较高，气候变化背景下经济和社会发展是提高适应能力、降低脆弱性的重要手段。比较脆弱的地区包括江苏的扬州、南通、镇江及浙江的嘉兴和绍兴。最不脆弱的地区分别为上海、苏州和无锡。

（2）城市气候脆弱性在各因子上的表现

在社会经济发展因子上，最脆弱城市有绍兴、镇江、泰州等，最不脆弱的为上海，相对较脆弱的城市较多,表明其他城市与上海在社会发展方面存在较大的差距。

在气候敏感性因子上,最脆弱城市依次为舟山、台州、湖州,最不脆弱的地区为苏州、常州、上海和镇江等。

在社会保障因子上,脆弱城市较多,如泰州、上海、扬州、南通等,低脆弱城市有苏州和台州。

在气候防护因子上,除无锡外,其他城市脆弱性均较高,说明长三角城市气候防护设施方面普遍较弱,应引起相关部门的重视。

在生态环境因子上,宁波、杭州、南通的脆弱性较高,湖州、南京、台州的脆弱性较低。

(3)各城市气候脆弱性主要驱动因素

通过比较每个城市自身在各因子上的得分,可以发现各城市气候脆弱性的主要驱动因素。

泰州、绍兴、镇江、嘉兴、扬州、南通等城市气候脆弱性最主要的驱动因素是社会经济发展相对落后,因此这些城市的社会经济发展对于气候适应更加重要。

舟山、台州、湖州气候敏感性相对于其他城市更突出,最主要的驱动因素是经济结构和人口结构等对气候变化的敏感性所致。因此,这些城市更需要针对气候敏感产业和气候敏感人口,开发相关气候适应技术,完善相关保险保障制度,加强气候防护工程等适应措施。

南京、常州和苏州的气候脆弱性最主要的驱动因素是气候防护设施相对落后。应加强气候防护基础设施投入和建设,增强气候适应能力。

宁波、杭州、无锡的气候脆弱性最主要的驱动因素是土地利用不合理。应重视城市规划建设导致的气候脆弱性,加强气候风险管理,以降低城市气候风险。

上海的气候脆弱性,相比于其他因素,社会保障制度及其治理是最主要驱动因素。原因在于人口老龄化趋势、外来务工人口增长等问题增加了气候适应治理的难度,因此,上海需提高城市综合治理能力、完善相关制度,加强弱势群体的气候适应能力建设。

4.3　小结

总体而言,长三角城市群经济发达,各城市均存在一定的气候适应能力基础,面临的问题主要是增量型适应不足。增量型适应是在系统现有基础上考虑新增风险所需的增量投入。由于气候变化,使得风险增大,原有的设施或投入不足以抵抗气候变化所引起的灾害频次和强度,因而需要额外的投入来化解(潘家华等,2010)。从长三角地区 16 个城市的脆弱性比较分析来看,较发达城市在气候增量型适应方面滞后于社会经济发展,对气候适应认识和行动上存在诸多不足,应加强气候适应治理机制和政策研究,加强气候变化适应性教育和行动,降低城市气候变化风险。

从措施和制度来看,长三角城市密集区应加强整体气候风险区划评估,以避开在高风险区的人口和产业布局,减少气候暴露度以及采取必要的气候防护措施;也需考虑人口产业密集度对城市资源和环境的压力,降低气候变化下的脆弱性;加强生态城市建设,重视自然生态的气候适应功能,促进人与环境的和谐发展;长三角地区人口老龄化问题突出,以及城市贫困人口、外来务工人口增加,将会促使气候脆弱群体的增长,将加大城市气候适应的难度,应重视社会经济的均衡发展。

　　从区域治理结构上看,应建立长三角城市密集区联合气候适应治理机制,从规划、防灾设施、预报预警、会商、应急响应和救灾等各方面加强部门间和城市间合作。

　　针对具体行业、部门、城市而言,存在地理、环境、社会、经济条件和特征的差异性,气候变化脆弱性的主要驱动因素不同,应结合具体的行业、部门和地方知识进行气候脆弱性和适应研究和治理。

　　鉴于长三角城市群在我国社会经济发展中的重要地位和作用,气候适应成为长三角各城市管理者工作的重点,以保护城市的发展成果,促进城市的可持续发展。

参考文献

程江,杨凯,赵军,等.2009.基于生态服务价值的上海土地利用变化影响评价[J].中国环境科学,**29**(1): 95-100.

段华明.2010.城市灾害社会学[M].北京:人民出版社:134.

姜允芳,等.2012.城市规划应对气候变化的适应发展战略——英国等国的经验[J].现代城市研究,(1): 13-20.

金磊.2000.北京城市灾害及新世纪安全战略[J].灾害学,**15**(2):23-28.

科学技术部社会发展科技司.2011.适应气候变化国家战略研究[M].北京:科学出版社.

李娜.2010.长三角城市群空间演化与特征[J].华东经济管理,**24**(2):33-36.

潘家华,郑艳.2010.适应气候变化的分析框架及政策涵义[J].中国人口,资源与环境,**20**(1):1-5.

王迎春,郑大伟,李青青.2009.城市气象灾害[M].北京:气象出版社.

王振波,方创琳,王婧.2011.1991年以来长三角快速城市化地区生态经济系统协调度评价及其空间演化模式[J].地理学报,(12):1657-1668.

吴庆洲.2012.古代经验对城市防涝的启示[J].灾害学,**27**(3):111-115.

徐长乐,马新学.2011.长江三角洲发展报告2010——区域发展态势和新思路[M].上海:上海人民出版社, 53-61.

徐明,马超德.2009.长江流域气候变化脆弱性与适应性研究[M].北京:中国水利水电出版社.

徐启新,杨凯,许世远.2003.上海高速城市化进程对水环境的影响及对策探讨[J].世界地理研究,**12**(3): 54-59.

张璐,杨修群,汤剑平,等.2011.夏季长三角城市群热岛效应及其对大气边界层结构影响的数值模拟[J].气象科学,**31**(4):431-440.

张钟汝,章友德,陆健.2001.城市社会学[M].上海:上海大学出版社.

郑艳.2012.适应型城市:将适应气候变化与气候风险管理纳入城市规划[J].城市发展研究,**19**(1):47-51.

仲伟东.2012.贫穷加剧菲台风损失　民众为生计宁住危险地区.环球网,2012年12月7日.

周淑贞,束炯.1994.城市气候学[M].北京:气象出版社.

Anderson W A.2005.Bringing children into focus on the social science disaster research agenda[J]. *International Journal of Mass Emergencies and Disasters*,**23**(3):159-175.

Changnon S A.1992.Inadvertent weather modification in urban areas:Lessons for global climate change[J]. Bull. Amer. Meteorol. Soc.,**73**:619-752.

IPCC.2007.气候变化2007:综合报告[R],http://www.ipcc.ch/pdf/assessment-report/ar4/syr/ar4_syr_cn.pdf.

IPCC.2001. Climate change 2001:Impacts,Adaptation and Vulnerability,Summary for Policymakers,WMO.

IPCC.2012. Special Report of the Intergovernmental Panel on Climate Change:Managing the Risks of Extreme Events and Disasters to Advance Climate Change Adaptation.

JIN M,Dickinson R E,ZHANG D. 2005. The footprint of urban areas on global climate as characterized by MODIS[J]. J. Clim. ,**18**:1551-1565.

Morrow B H . 1999. Identifying and mapping community vulnerability[J]. *Disaster*, **23**(1):1-18.

Ngo E B. 2001. When disasters and age collide: Reviewing vulnerability of the elderly[J]. *Natural Hazards Review*, **2**(2):80-89.

O'Keefe P, Westgate K, Wisner B. 1976. Taking the naturalness out of natural disasters[J]. *Nature*,**260**: 566-567.

Smith S, Tremethick M J, Johnson P. 2009. Disaster planning and response: considering the needs of the frail elderly[J]. *International Journal of Emergency Management*, **6**(1): 1-13.

Wang M Z,Amati M,Thomalla F. 2012. Understanding the vulnerability of migrants in Shanghai to typhoons [J]. Natural Hazards, **60**(3):1189-1210.

White G F,Haas J E. 1975. Assessment of Research on Natural Hazards. Cambridge, MA: MIT Press.

第5章　气候变化对长三角城市群的影响

5.1　气候变化对长三角城市群交通安全的影响

在全球气候变化背景下,高温、强降雨、干旱等灾害性天气气候事件出现呈趋强增多之势。据统计,中国灾害性天气气候事件每年造成的经济损失占全部自然灾害损失的70%以上。鉴于长三角城市群的气候和地形特点,台风、暴雨、大雾、雨雪冰冻、大风、雷电等灾害性天气都会对各种交通活动产生重大影响。长三角地区运输体系主要由铁路、公路、民航、水运这4种运输方式构成,4种交通运输方式的规模已经位居全国前列,按吞吐量排名的全国十大港口,有超过半数在长三角地区,不同交通运输方式所对应的致灾气象因子并不相同。

随着交通活动的不断增多,气象灾害对交通的影响也日趋增多。在各种交通运输方式中,高速公路、电气化铁路和民航的致灾气象因子较多(表5.1)(何吉成等,2011)。暴雪、雨雪冰冻天气会造成公路、铁路和民航运输瘫痪;大雾是高速公路和机场关闭的重要原因,许多船舶碰撞事故也主要是由浓雾引起的;强雷电天气对电气化铁路尤其是目前运营的客运专线威胁很大;干旱会造成内河航道水量减少,容易造成船舶搁浅和航道断航。

表5.1　长三角城市群不同交通运输方式的气象灾害类别

交通运输方式	线路形式	易遭受气象灾害种类
公路	高速公路	暴雨(引发洪水、泥石流、滑坡等次生灾)、雾和霾、高低温、雨雪冰冻
	普通公路	暴雨(引发洪水、泥石流、滑坡等次生灾)、雾、雨雪冰冻
铁路	电气化铁路	暴雨(引发洪水、泥石流、滑坡等次生灾)、雨雪冰冻、雷电
	非电气化铁路	暴雨(引发洪水、泥石流、滑坡等次生灾)、雨雪冰冻
水运	内河航运	暴雨(引发洪水、泥石流、滑坡等次生灾)、雾、大风、干旱(水量过少造成断航)
	海上航运	暴雨、台风、雾、大风
航空		暴雨、雨雪冰冻、大风、雷电、雾

5.1.1　交通活动对气候变化的敏感性

5.1.1.1　灾害性天气影响交通运输安全

雾霾日增多,大雾持续时间增加,而且经常会出现雾霾并存的现象,对交通安全的影响日趋严重。雾霾天气发生时,严重影响能见度,造成交通堵塞,交通事故多发,机场航班长时间延误,高速公路关闭,航运停运,城市交通严重滞阻和堵塞,给公众出行带来极大不便,甚至造成严重的伤亡事故(表 5.2)。例如 2006 年 12 月 24—27 日,南京出现持续 51 小时的大雾;2007 年 12 月 19—20 日,南京出现持续 33 h 的浓雾,均对当地的交通运输安全造成重大影响。

表 5.2　大雾天气造成的江苏省人员伤亡统计

年份	发生天数(d)	死亡人数(人)	受伤人数(人)
2007	20	34	46
2008	20	22	52
2009	27	14	68
2010	28	19	36

近些年强降水事件越来越多,对交通运输的影响越来越大。据调查统计,短时强降水(1 小时＞15 mm)就可能造成城市交通干线积水,雨强更大时(1 小时＞25 mm)会引起城市交通拥堵甚至瘫痪。上海市 2008 年交通事故报警数与雨量统计关系表明(图 5.1),当出现中到大雨时,工作日日报警数较比小雨和无降水时多 3%,而当出现暴雨时,日报警数将比小雨及无降水时多 10%。

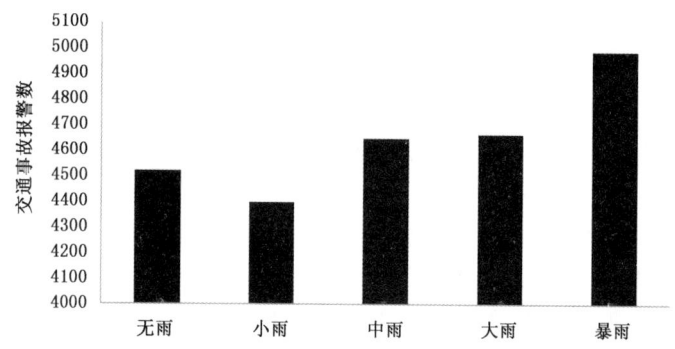

图 5.1　上海市 2008 年工作日期间雨量与交通事故报警关系

近些年高温日数增多,造成的交通事故明显增加。夏季交通事故的发生与高温关系密切,高温容易使人急躁、易激动,易使司机和行人的机敏度和判断力下降,还会造成交通工具和交通设施的恶化,包括沥青软化引起的路面承载能力降低、汽车爆胎和自燃等,从而酿成交通事故。据研究表明,日最高气温≥35℃的日均交通事故指数高于夏季日均交通事故指数。

近些年暴雪、冰冻等其他极端天气气候事件增加,也对交通运输安全造成极大影响。

5.1.1.2　极端天气气候事件影响交通设施安全

强降水、高温和大风等极端天气气候事件增多趋强,不仅造成交通事故多发,还会对航空、铁路、公路、航运、管道交通乃至交通服务等设施的破坏力增大。如暴雨形成的洪水能冲毁淹没路基、路面、桥梁、涵洞,致使交通中断;高温或低温会使铁轨热胀冷缩以至变形,引发交通事故;强风对交通设施影响显著,刮倒道路两侧的行道树和广告牌;雷击会造成高速公路的通信中断、机电设备受损和人员伤亡。突发灾害性天气已成为破坏交通设施的重要因素。

5.1.1.3　极端天气气候事件影响交通运营效益

大雾、暴雨、暴雪等灾害性天气造成高速公路关闭,船舶滞留,飞机停航等,影响交通设施使用效率,减少运营时间,给相关交通运输企业造成巨大经济损失。如 2008 年 1 月 11 日至 2

月初,江苏大部分地区遭遇了严重的低温雨雪冰冻天气,部分高速封闭,南京周边高速公路全封闭,南京长江大桥、长江二桥、长江三桥封堵。南京市交通几近瘫痪,超过 50 条公交线受影响。其中因灾害造成的直接经济损失达数十亿元。

5.1.2　观测到的影响

5.1.2.1　对城市交通安全的影响

上海濒临东海,地处北亚热带南缘,易受台风、暴雨、洪汛和天文大潮的影响,市区暴雨内涝灾害屡屡发生。特别是近些年来,因受城市热岛效应、全球气候变暖、海平面上升以及地面沉降等众多因素的交互影响,上海市区的暴雨更是呈现历时短、强度大、局部性等特点,极端降雨事件频发。虽然城市河道水网密布,但受到低洼地势和潮汐顶托影响,城市自然排水能力很弱,地面排水主要依靠排水管网系统(陆敏等,2010),加之一次暴雨过程的降水量常常超过排水设计标准,若降雨强度过大、持续时间过长,雨水无法及时排走,极易造成内涝灾害,使地面积水倒灌入地下空间,因此,特定的地理环境和气候条件给城市地下设施的安全带来极大威胁。

选取了上海市的徐汇、长宁、普陀、闸北、虹口、杨浦、黄浦、卢湾、静安 9 个中心城区的地下轨道交通为研究对象。根据相关资料统计,1979—2008 年 30 年间大范围降雨过程中,暴雨以上的降水平均为半年一遇,特大暴雨或强降雨超过 100 mm/小时共有 11 次,为三年一遇。暴雨频次和强度均有明显增加的趋势,城市多强暴雨天气增加了城市内涝灾害的危险(权瑞松等,2011)。

1990—2009 年 20 年间上海共发生特大暴雨事件 50 次,平均每年发生 2.5 次。最多的年份达 6 次(2001 年),1990 年无特大暴雨和强降雨事件发生,其年际分布很不均匀。总体趋势上,20 世纪 90 年代后期暴雨次数明显增多,2001 年后,大暴雨发生频次有减少的趋势,但2009 年暴雨发生频次又增加。

从暴雨发生的时间集中在 7 月和 8 月,其中 8 月份发生频次最多,占到总数的 52%。可见,暴雨有明显的月际分布规律。从暴雨分布的地点来看,20 年间徐汇区发生暴雨次数最多,其次是杨浦区、卢湾区、虹口区和普陀区,黄浦区发生暴雨次数相对较少。可见,暴雨的空间分布也是不均匀的。通过上海市降雨次数和强度的统计结果可知,从 1949 年新中国成立以来,上海曾经出现过千年一遇和 500 年一遇的极端降雨事件各 4 次,50 年一遇和百年一遇的暴雨事件各出现过 10 次。

参考地铁建设标准规定,选取了出口类型、出入口台阶高度、出口外地面坡度、排水管道达标率、排水泵站密度等指标分析了地下轨道交通暴雨内涝的脆弱性,从分析结果来看,1 号线80.3%的出入口属于低脆弱度,19.7%的出入口属于中脆弱度,没有高脆弱度出入口;2 号线81.6%的出入口属于低脆弱度,18.4%的出入口属于中脆弱度,没有高高脆弱度出入口;4 号线上海体育馆 1 号口脆弱度最高,其次是 8 号线鞍山新村 1 号口和四平路 4 号口;8 号线和 11号线分别有 91.2%和 91.6%的出入口处于低脆弱度水平,曾经发生过雨水倒灌的徐家汇和宜山路处于中等脆弱水平。高敏感度的出入口有 5 个,分别是 2 号线娄山关路 3 号口和人民广场 19 号口、4 号线上海体育馆 1 号口、8 号线鞍山新村 1 号口和四平路 4 号口,暴雨容易引起积水内涝;较高敏感性的出入口有 25 个,占 9.1%;中等敏感性出入口有 17 个,占 6.2%;低敏感性出入口有 234 个,占 84.8%。

　　针对上述对承灾体的脆弱性分析结果,建议台阶高度要达到设计要求以降低地面雨水倒灌的危险性;设计出入口类型为封闭式降低敏感性;改造落后的排水管道系统,提高市区的排水能力;疏浚河道,提高市区内河调蓄能力。

5.1.2.2　对城际交通安全的影响

　　高速公路具有高气象敏感度,灾害性天气对高速公路的各环节,包括行车安全、道路通行能力、路政管理、道路养护、道路收费等均产生一定的影响。当灾害性天气发生并对高速公路安全运行构成威胁时,高速公路管理部门要采取管制措施,情况较严重的则直接实行封路(姚小芹,2011)。

　　高速公路所处的气候区域不同,对其交通运营产生影响的气象要素也不同,而且不同的气象条件对高速公路的影响也有差异,具体表现在影响的机理、影响程度、季节性差异等方面。沪宁高速所处的东亚季风盛行的北亚热带地区,属于北亚热带季风气候,气候复杂多样,大雾、高温、暴雨、雨雪等灾害性天气经常威胁着沪宁高速公路的安全运营。

　　2009 年和 2010 年沪宁高速公路每月因灾害性天气封路的情况如表 5.3 所示,2009 年主要是 2 月、5 月和 12 月因灾害性天气有封路现象,尤其是 2 月和 12 月封路时间较长达到 30 多小时;而 2010 年因灾害性天气封路的时间多于 2009 年,出现在 1—3 月、10—12 月,其中封路时间较长的是 1—2 月、11—12 月均达到 25 小时以上。此外,2009 年和 2010 年在 2 月和 12月都有较长时间的封路。

　　对沪宁高速运营产生影响的主要气象灾害有:

　　(1)雾(霾)

　　雾(霾)是交通行业最为关注的一类气象灾害,雾(霾)天气造成的低能见度是引发高速公路交通事故、影响高速公路运营效益的主要灾害性天气。能见度在 500～1000 m 称为雾,在200～500 m 称为大雾,在 50～200 m 称为浓雾,能见度小于 50 m 称为强浓雾。能见度对高速公路的影响非常大,当能见度低于 150 m 时极易出现交通事故,因为能见度较低会带来行车视线下降,从而影响车辆的行驶速度,容易造成汽车追尾事故。每年秋冬季大雾较多,因浓雾造成的高速公路上汽车"追尾",导致车毁人亡的严重交通事故和道路交通运输中断,给地方经济以及人民生命财产造成了极大损失。

表 5.3　2009 年和 2010 年沪宁高速公路每月因灾害性天气封路的情况

	2009 年因灾害性天气封路统计(小时)	2010 年因灾害性天气封路统计(小时)
1 月	/	34.12
2 月	30.34	27.97
3 月	/	14.17
5 月	2.94	/
10 月	/	3.85
11 月	/	28.68
12 月	37.75	28.06

　　根据江苏历史气象资料统计分析,从江苏年雾日数分布图上可以看出(图 5.2),江苏全省平均大雾日数 33 d,地域分布有明显差异,大致呈东多西少,中部沿海、沿江及江淮中南部较

多,特别是在泰州、南通、镇江、常州一带是江苏大雾的高发地带,泰州及南通部分县市年平均雾日多达 50 d 以上,1980 年泰兴全年达 99 d。

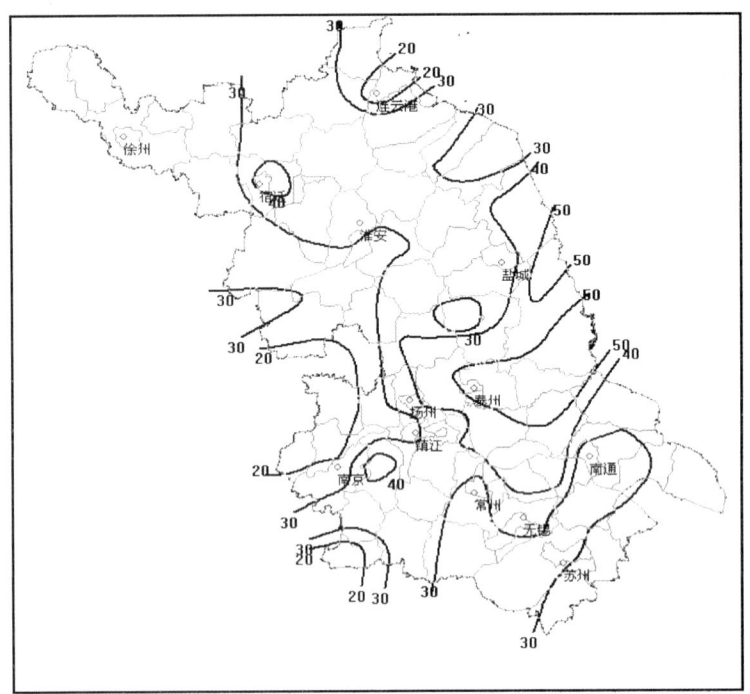

图 5.2　江苏省累年雾日数分布

选取了 2009 年 1—12 月沪宁高速公路沿线花桥站点的能见度实时观测数据,在对每日实时观测数据进行梳理统计的基础上进行分析。将 2009 年 1—12 月每日求得的最低能见度,按沪宁高速公路雾的预警等级(包括蓝色、黄色、橙色和红色预警)从以下四个区间值进行筛选统计,分别是 500 m≤能见度<1000 m、200 m≤能见度<500 m、50 m≤能见度<200 m、能见度<50 m。

沪宁高速公路雾灾危险性评价选定的模型为:

$$H = \sum_{i=1}^{n} h_i \times W_i$$

式中,H 为危险度指数,W_i 为各危险性评价指标的权重值,h_i 为危险性指标的归一化指数值。用公式计算得到危险度指数,危险度指数 H 值越高则表示站点发生雾灾的危险性越大。将计算出的危险性评价指数赋值到各个站点,用 ARCGIS 软件的空间插值功能,用反距离权重法进行空间插值运算,并把插值结果进行重分类,均分成五个等级显示,危险度最高级为 5 级,得到沪宁高速公路雾灾危险性区划(图 5.3)(邹晨曦,2011)。

(2)降水

降水天气对高速公路的影响与降水的性质、强度、降水量有密切关系,与降雨相比,降雪和雨夹雪天气对高速公路交通的影响更加显著。降水天气对沪宁高速公路的影响主要是降雨尤其是降雪容易导致路面潮湿和打滑,路面摩擦系数降低;雨天空气湿度大,能见度有所下降,影响到行车的视线,容易引发交通事故。

暴雨是影响交通安全的主要灾害性天气,暴雨在影响能见度和致使路面湿滑的同时,浸泡路基使路基松软,还容易导致山体滑坡或泥石流等地质灾害而使交通中断。以江苏为例,

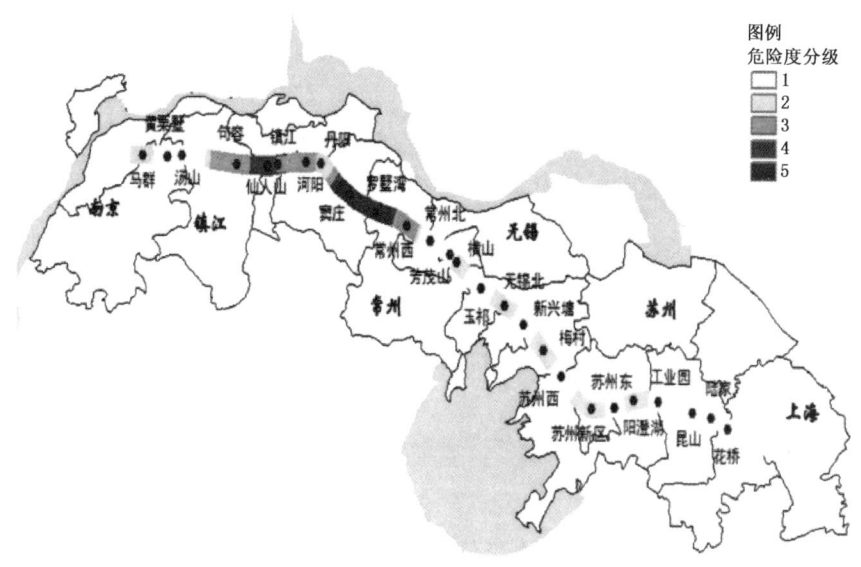

图 5.3 沪宁高速公路雾灾危险性区划图

1961—2009 年江苏各市年暴雨雨量多年平均值为 181～332 mm,暴雨累计日数为 118～197 d,江淮之间最多,苏南西部多于东部,南京、镇江、常州所在沪宁高速沿线是暴雨雨量的高值区(图 5.4)。

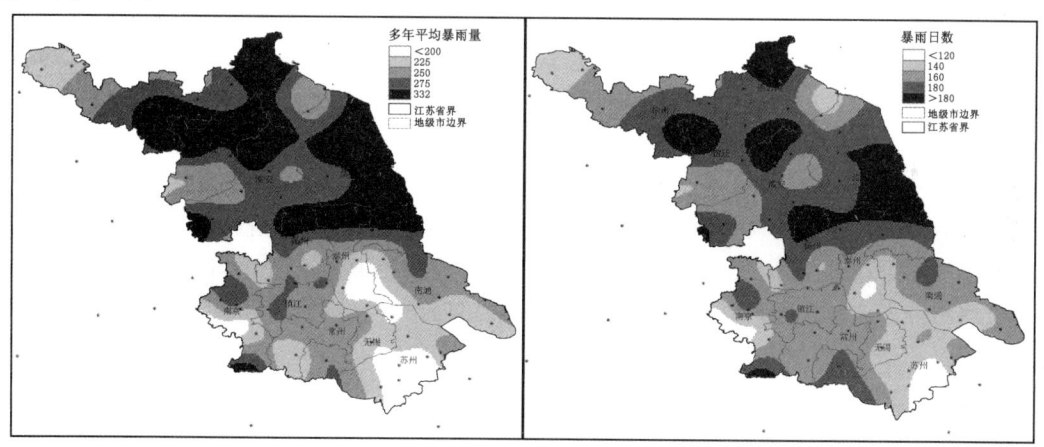

图 5.4 1961—2009 年江苏省暴雨雨量、暴雨日数空间分布

(3)高(低)温

夏季高温影响行车速度和视线,容易引起司机的疲劳,另一方面车辆在高温期间行驶发动机易过热,可能会引起爆胎甚至自燃,都会引发交通事故。此外,对路面路基也有影响,增加了路政养护工作量和养护经费支出。

冬季气温较低,在降雨(雪)之后容易产生路面结冰、积雪。致使路面比较湿滑,摩擦系数大大降低,影响了路面的抗滑性,对交通安全构成威胁,容易造成车辆追尾和侧翻事故。

(4)其他

大风、雷暴、冰雹这类偶尔会出现的灾害性天气,也会对沪宁高速带来影响。大风直接影响到行车的安全,主要表现在使车辆行驶阻力增大,增加车辆负载,影响行车稳定性,此外,风强度较大还会破坏道路基础设施如护栏、指示牌等;冰雹、雷暴等强对流天气会对道路交通设施等造成破坏,也会威胁到高速公路交通的安全运行。

5.1.3　预计的可能影响

未来长三角地区经济和生活出行对交通的依赖性更加显著,一方面城市交通运输业日益发展,另一方面气候变化大背景下极端天气气候事件趋多增强。未来长三角大部分地区降水量呈增加趋势,气温呈升高趋势。因此,建立和完善规范化、专业化的气象交通服务体系势在必行。加强交通气象灾害监测预警系统建设,提供实时准确的应急服务,预防灾害性天气危害显得越来越重要;对重点地区、重点季节、重大活动应进行气象灾害的重点防范,提升运输系统应对气候变化的能力;同时应宣传绿色交通理念,大力提倡公共交通,鼓励和引导公众参与公共交通的建设与使用。

5.1.4　长三角地区交通应对气候变化的对策和措施

(1)建立交通气象灾害监测预警系统,预防灾害性天气危害

加强交通控制系统的建设。可采用限制车辆行驶速度的方式来尽可能减少因天气原因导致的封路次数;交通控制系统由可变信息标志、可变限速标志、车道控制灯等组成;可变信息标志可在多雾路段出口前设置,发布提示信息;在雾来临时,红灯亮,超车道封闭,只启用行车道。

建立气候异常预测及预报系统、交通基础设施管理系统、灾害及事故疏导救援系统以及交通运输防灾减灾资料信息库,发挥多种技术平台的综合功能,共同缓解气候变化的负面效应,保障旅客运输、城市公交、道路保障、港口码头、水上运输等交通安全(缪金祥,2008)。

(2)加强技术性应对策略研究,提升对气象灾害的适应能力

改善运输技术装置,对重点地区及重点季节进行气象灾害的重点防范,提升运输系统应对气候变化的能力。改进交通标志,加强警示提醒;落实防御气候灾害措施,提升运输系统应对气候变化的水平;改进交通气象监测预报系统和信息传输显示系统,建立不利天气条件下路网可靠模型和行车选择模型;加强对驾驶人员应用气象信息的宣传力度,增强驾乘人员应对恶劣天气的意识,提升应对气象灾害的能力。

(3)倡导公共交通,减少尾气排放

大力提倡公共交通,鼓励与引导公众参与公共交通建设与使用;探索机动车环保收费对象、原则、标准及措施;采取鼓励购置低排量机动车与适当限行政策,减缓 CO_2、CH_4 等尾气排放量,缓解大气环境质量的劣变(王艳等,2003)。

5.2　气候变化对长三角城市群水安全的影响

5.2.1　水安全对气候变化的敏感性和脆弱性

水资源是受全球气候变化影响的重点领域。IPCC 四次评价报告均表明,全球气候变化的影响主要表现在四个方面的变化:温度、降水、海平面、蒸散(发)。这些变化都与水资源直接

相关,如降水的变化改变了水资源的时空分布规律,导致洪涝灾害更加频发;气温、降水和蒸散(发)的改变影响了干旱的区域范围和程度;海平面上升导致海岸线淹没,对河口地区造成较大影响等(邓淑珍等,2008)。

长三角城市群在我国有着举足轻重的地位。但是在气候变化背景下的城市化发展以及土地利用/覆被造成了该区域自然环境承载力与社会经济发展存在严重的不平衡,造成的水质型缺水,水资源短缺和水环境恶化已经成为目前长三角地区水资源环境安全面临的主要问题。另外,该地区赤潮频发,洪涝灾害严重,因此,长三角地区面临着严重的资源与环境压力的挑战。

5.2.1.1　长三角地区水资源现状

长三角地区地势低平坦荡,河网如织,湖泊众多(图 5.5)。三角洲水系基本上由长江河口水系、太湖水系和运河水系组成,形成了特有的水乡泽国的三角洲水系。

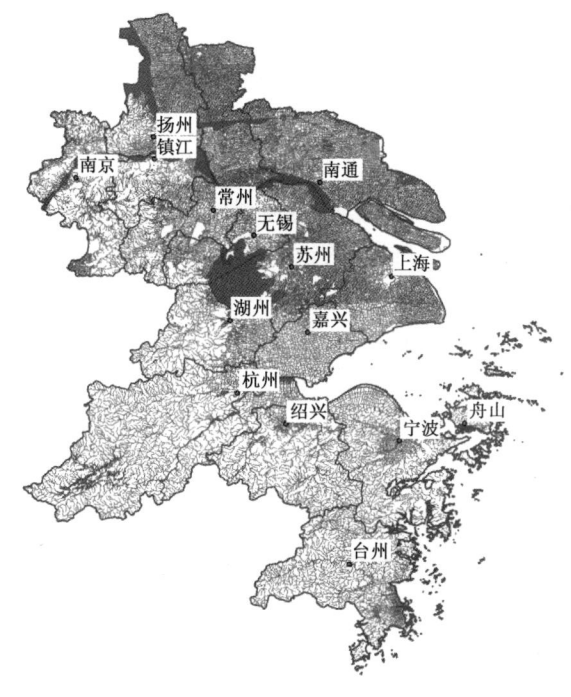

图 5.5　长三角地区水系图

(1)水资源量

当地水资源量:长三角地区多年平均的当地径流量为 $508.40 \times 10^8 m^3$;地下水是本区的重要水源,区内多年平均地下水量 $177.71 \times 10^8 m^3$;单位面积水资源量丰沛,为 $57.60 \times 10^4 m^3 / km^2$,但人均水资源量只有 $774.9 m^3$,仅相当于全国平均水平($2220 m^3$)的三分之一(表5.4)。

外来水:外来水包括过境水和引江水,本区处于几条大河下游,外来水资源丰富。仅长江干流多年平均过境水量就有 $9730 \times 10^8 m^3$,最枯年(1928 年)仍有 $6320 \times 10^8 m^3$。长江具有较好的供水条件,即使在枯水年份,也能满足供水要求,如大旱的 1978 年苏南引江水 $112 \times 10^8 m^3$。另外,上海黄浦江年均进潮量有 $409 \times 10^8 m^3$。上海市的潮水量是当地水量的 22 倍。2007 年长江入海水量 $7913 \times 10^8 m^3$,钱塘江径流量 $321 \times 10^8 m^3$。长三角地区的外来水丰富,是区内开发利用水资源十分有利的客观条件。

表 5.4　长三角地区多年平均当地水资源量

地区	年降水量 (mm)	年径流深 (mm)	当地径流量 ($10^8 m^3$)	地下水量 ($10^8 m^3$)	河川基流量 ($10^8 m^3$)	当地水资源量 ($10^8 m^3$)	单位面积水资源量 ($10^4 m^3/km^2$)	人均当地水资源量 (m^3)
上海市	1141	301	1866.00	19.33	5.92	32.07	50.58	245.85
苏中南	1040	254	134.43	70.76	28.52	176.57	36.55	457.55
浙东北	1465	737	355.31	87.72	77.88	365.15	81.21	1629.25
全区	1266	501	508.40	177.71	112.32	573.79	57.60	774.90

（2）水资源时空分布

长三角地区水资源量的时空分布与降水一致，大致呈南多北少、山区多平原少，但平原区外来水较为丰富。由于本区为典型的季风气候，降水的季节变化明显，导致了水资源的年内分配不均。每年降水主要集中在春夏之间的梅雨和夏秋之间的台风雨。5—9 月份的径流量占全年径流量的 60%～70%。同时，本区降水与径流的年际变化可达 2～5 倍。丰水年雨水过多，造成洪涝灾害；而少水年雨水过少，以致干旱缺水（王颖等，2010）。

5.2.1.2　长三角地区水安全对气温变化的脆弱性和敏感性

长三角地区是对气候变化响应比较敏感而强烈的地区。20 世纪 80 年代以来，长江中下游气温升高了 0.2～0.8℃，其中增温最高的地区位于长三角地区（沙万英等，2002）。区域气温升高对水资源变化造成了深刻的影响，首先表现在对降水的影响上，气温升高使水循环加快，从而有助于降水量增多；其次是对洪涝灾害的影响，IPCC 指出，全球变暖导致极端降水事件的增加比降水量的增加更为显著，因此，未来长三角地区发生大洪涝的可能性增大；再次，气温升高还会影响区域水资源的变化，温度升高 1℃ 引起当地水资源的减少量相当于降水量减少 3.3% 引起的水资源减少量。

5.2.1.3　长三角地区水安全对降水变化的脆弱性和敏感性

目前该区年降水总量的变化趋势不明显，而通过季节降水量的分析来看，夏季降水明显增加，秋季降水量明显下降（潘敖大等，2011）。这将会进一步加剧该区水资源时间分布不平衡的矛盾。对区域洪旱灾害的防治也存在不利影响，未来长三角地区洪涝和干旱发生的概率会更高，极端气候造成的危害将更为严重（许有鹏等，2009；潘敖大等，2011）。

5.2.2　已观测到的气候变化对长三角地区水安全的影响

5.2.2.1　气候变化对长三角地区城市供水安全的影响

城市供水安全一般是指城市供水系统能够适应经济、社会发展的需要，充分保证城市居民有水量充足、水质合格的供水水源，同时必须满足用户对水量、水质和水压的要求（施春红等，2007）。

水是生命的源泉，也是一个城市的生命线，是城镇居民赖以生存及维持城市正常运转的基本保障。在气候变化背景下，伴随着长三角地区城市化进程的飞速发展，其对水环境和水资源产生重大影响，造成了城市供水能力不足。长三角地区人均当地水资源量为 774.90 m³，仅为全国平均水平的三分之一，其中江苏和上海人均只有 245.85 m³，属于水资源紧缺地区。在沿海垦区和海岛，水资源紧缺矛盾更加突出。海岛区约有 30 万人的饮水存在不同程度的困难，特别困难的有 20 万人，占人口总数的 20.3%（李植斌等，1997）。

（1）干旱对供水安全的影响

从时间上看，自 1961 年以来长三角地区达到中等较明显的干旱年共 26 年，基本为 1.8 年一遇，其中最严重的干旱年中 1978 年最重，其次依次为 1967 年、1968 年、1979 年、2003 年、2004 年、1994 年和 1966 年，这些年都达到特旱年等级，干旱的持续时间都超过 100 d，而且干旱最严重的时段都发生在夏秋季。20 世纪 60—70 年代及 21 世纪以来，干旱强度最强，维持时间也较长，最严重的干旱年都在这个范围内，而 60 年代中期到 70 年代是干旱维持时间的最明显峰值区，2003—2005 年也是一个干旱发生的明显的时期，80 年代到 90 年代末干旱的维持时间较短而且变化比较平稳（图 5.6）。

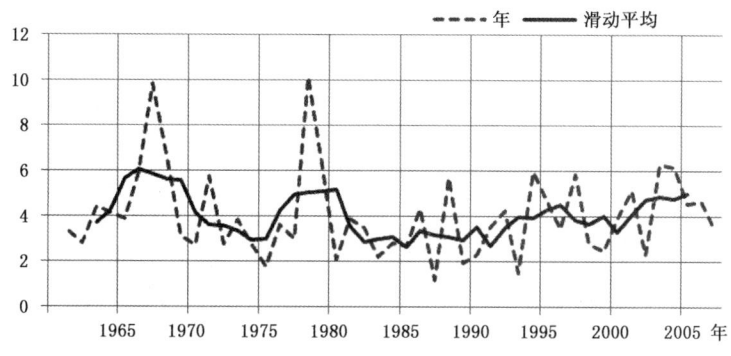

图 5.6　长三角地区历年干旱指数

此外，2004—2009 年长江中下游的降水量普遍偏少。过去长江中下游流域气象预报经常将"春季连阴雨"挂在嘴边，现在出现的频率越来越少，反倒是"秋季连旱，冬春连旱"越来越多见。2011 年 1—5 月，长江中下游地区降水量明显偏少，其中江南中部和北部偏少近 8 成。有 95％的地区遭受气象干旱，其范围为近 60 年来同期最广。

从各年代平均干旱指数（表 5.5）可以发现，20 世纪 60 年代与 21 世纪平均指数明显高于其他年代，80 年代是干旱指数最小的年代，但进入 21 世纪以来长三角地区干旱有增强的趋势。

表 5.5　各年代平均干旱指数

年代	60 年代	70 年代	80 年代	90 年代	21 世纪
干旱指数	4.9	4.3	3.0	3.7	4.6

从空间上看，干旱分布自南而北逐步增加，高发区域分布在长江以北，而浙江沿海最轻，由于浙江地形复杂，降水分布不均，浙江海岛相对浙江其他区域强度有所增加。

2003—2004 年上半年浙江省遭遇了新中国成立以来罕见的严重干旱。2003 年 4—12 月份全省平均降雨量为 850 mm，较常年同期偏少 34％，为新中国成立以来最低值。全省干旱程度为 20～50 年一遇。2004 年 1—7 月份全省平均降雨量为 720 mm，比多年平均降雨量少 33％。受降雨严重偏少影响，舟山、玉环、洞头、慈溪、温岭、乐清、义乌等地水库蓄水比上年同期减少 25％～64％，姚江水位最低时仅为 0.71 m。旱灾对城市、工业基地等影响较大，包括海岛在内，宁波、义乌、永康、慈溪、温岭、乐清等共 20 余个城市出现供水告急情况。

2011 年 1—5 月，浙江全省平均降水量 281 mm，较常年偏少 53％，为 1951 年以来最少值。

舟山、湖州、宁波等地出现旱情,全省因旱出现供水困难人口已达37多万人。

(2)极端低温对城市供水安全的影响

在冬季,气温低下容易导致供水管道和设施产生明显的热胀冷缩,极易造成节口松动和管体、水表玻璃爆裂,对市政交通和周围居民正常供水都会产生不利影响。

由于天气寒冷,加之水管老化,上海曾多次报道发生道路地下水管爆裂,影响交通通行:2008年12月24日晚上,军工路一在建工地内,一根大口径水管爆裂导致水流喷涌而出,军工路和周家嘴路附近300 m路段水漫金山,水深达30 cm。2011年1月16日早晨,宝山路一根地下自来水管爆裂,路面喷涌出来的自来水有好几米高,近百米道路"水漫金山",非机动车道积水深度达20多厘米,事故对周边交通造成较严重影响。

5.2.2.2　气候变化对长三角地区城市饮水安全的影响

20世纪80年代以来,太湖蓝藻水华事件频发,特别是2007年5月太湖蓝藻提前暴发,无锡市贡湖水源地蓝藻堆积死亡形成黑水团事件,导致无锡市自来水恶臭,让江苏无锡陷入了长达几天的饮用水危机并引发了震惊中外的无锡供水、饮水危机(彩图5.7)。

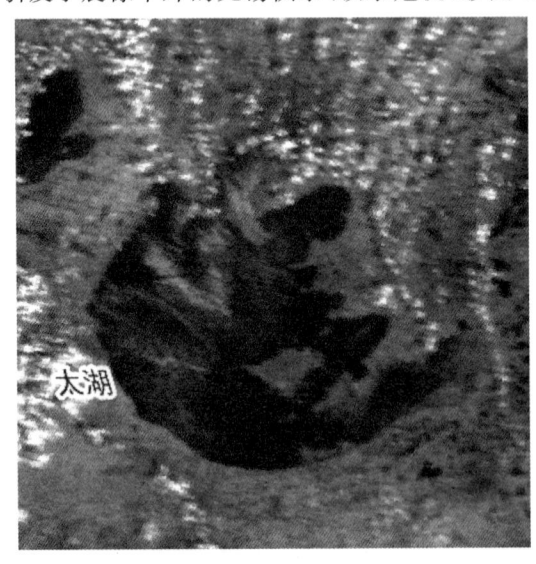

图5.7　2003—2011年太湖蓝藻最大范围时次卫星图像
(资料来自国家卫星气象中心)

太湖作为无锡唯一的饮用水取水源,湖中的蓝藻暴发带来的直接后果就是当地市民的饮水安全受到了很大影响。研究表明,有些种类的蓝藻能够产生毒素,引发人类致命的肝脏、消化、神经以及皮肤疾病。调查显示,2007年太湖蓝藻事件暴发时期,太湖流域的饮用水源地有22%的水体水质不能达到饮用水要求。其中,局部地方的引用水源地水质全部劣于Ⅳ类水体。

蓝藻暴发是个全球性的问题,湖泊水体营养化日益严重是造成蓝藻生长和暴发的主要原因,同时全球气候变暖、水温升高也是蓝藻暴发的诱因(Paerl et al.,2008)。在水体富营养化程度很高的情况下,氮、磷等的含量已经不再是藻类生长的限制因子,气象条件也就成了主要影响因素(夏健等,2009)。

蓝藻暴发的种群动态机制还有待深入研究,但清楚的是:温度升高、水体富营养化、湖水中上下水体垂直分层加剧、干旱所导致的营养物质在水体中滞留时间的增加以及湖水盐度增加都有助于蓝藻种群在水生系统中具有优势。因此,相关水环境管理部门在其应对蓝藻水华暴发的策略中必须充分考虑到气候变化的影响(Paerl et al.,2008)。

20世纪80年代之前太湖流域气象条件的年代际尺度变化趋势不利于蓝藻的生长和水华的形成,而在80年代以后,尤其是90年代以后,气温、风速、降水变化都较大,且都有利于蓝藻的生长和水华的形成(王成林等,2010)。相关研究也表明(孙顺才等,1993;谢平,2008),太湖蓝藻水华发展演变在20世纪80年代初出现了突变,之前太湖基本没有出现大面积蓝藻水华现象,仅在五里湖和梅梁湾局部湖区出现,之后几乎每年都暴发大面积的蓝藻水华。

5.2.2.3　气候变化对长三角地区城市防汛排涝的影响

台风和暴雨引发的强降水是长三角地区城市内涝的主要成因。如2011年6月以来,我国长江中下游地区先后出现了多次强降雨过程,局部洪涝灾害严重,造成较大人员伤亡和财产损失。

2011年梅雨。2011年太湖流域于6月10日入梅,6月27日出梅,梅雨期17 d;流域平均梅雨量为280.1 mm,较常年偏多约三成。6月25日太湖水位3.86 m,为梅雨期最高水位,超警戒水位0.36 m;梅雨期共8 d水位超警戒。2011年梅雨期太湖和报汛站都出现了超警的水位,而且水位明显高于2010年梅雨期(表5.6)。其中6月17—18日凌晨,南京遭暴雨袭击,大部分地区降水量达50 mm以上,市区多处道路积水,影响市民出行。

表5.6　2011年梅雨期太湖流域水情统计表

类别	梅雨量(mm)		梅雨期最高水位(m)				
	2011年	2010年	2011年				2010年
			最高水位(m)	出现时间	超警戒水位天数(d)		
太湖	280.1	260.2	3.86	6月25日	8		3.69
西山	238.4	227.6	3.91	6月26日	7		3.62
平望	267.1	225.9	3.86	6月19日	5		3.54
瓜泾口	231.3	229.6	3.73	6月19日	5		3.48
嘉兴	252.0	317.0	4.03	6月19日	9		3.63

2011年梅雨对上海的影响。2011年6月上海降雨较常年明显偏多,梅雨期(6月10—27日)共出现5场暴雨,徐家汇6月降雨较常年偏多约六成。梅雨期内,黄浦江上游及支流、水利控制片的潮位都高于去年同期,都出现了超警戒水位的高潮位(表5.7)。梅雨暴雨对上海地区河网水位的抬升作用非常明显。连续暴雨致使外环线吴中路下匝道和青浦徐泾地区个别道路出现短时积水。轨道交通部分地势较低的地面站有漏水现象。

表5.7　2011年梅雨期上海地区最高潮位统计表

站名	最高潮位(m)	潮时	发生日期	超警戒次数	2010年梅雨期最高潮位(m)
吴淞	4.32	02:20	6月19日	0	4.77
黄浦公园	4.34	03:22	6月19日	0	4.53
米市渡	4.11	04:35	6月19日	10	3.85
泖甸	3.70	05:10	6月20日	9	3.35
泖泾	3.93	05:05	6月19日	11	3.68
高桥	4.30	02:20	6月19日	0	4.77

续表

站名	最高潮位(m)	潮时	发生日期	超警戒次数	2010 年梅雨期最高潮位(m)
芦潮港	4.61	00：20	6 月 17 日	0	4.87
金山嘴	5.31	01：20	6 月 17 日	0	5.47
青浦南门	3.44	18：50	6 月 18 日	4	3.26
嘉定南门	3.47	17：45	6 月 18 日	1	3.10

2011 年旱涝急转对浙江的影响。2011 年 6 月 3 日后,浙江发生旱涝急转,至 20 日浙北、浙中出现了历史上罕见的连续暴雨和强降水天气过程,17 d 内出现了 16 个暴雨日,呈现"雨势强劲、袭击面广、落区重叠、持续时间长、总雨量大"的特点。钱塘江流域面雨量 534 mm,暴雨强度为 50 年来之最,造成钱塘江流域、太湖流域的东苕溪及杭嘉湖平原等地发生流域性洪水,洪涝灾害严重,持续强降水造成全省 10 个市 57 个县(市、区)受灾,因洪涝灾害造成直接经济损失 108 亿元,其中对水利造成的影响最为严重。兰溪站水位为 1955 年以来最高水位,新安江水库水位 107.04 m,超过汛限水位 0.54 m,为与兰江洪水错峰,新安江水库于 20 日 00 时开始停止发电。

利用高分辨率卫星遥感监测可见(彩图 5.8 和彩图 5.9):浙江中部浦阳江诸暨段以及诸暨市附近河道明显增宽;沿江部分村庄被淹。6 月 19 日,杭州 20 cm 以上积水点有 14 个,文晖大桥东北侧桥下和西湖区莲花街一度积水深达 40 cm。

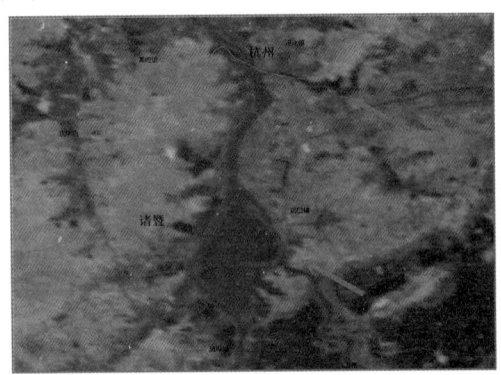 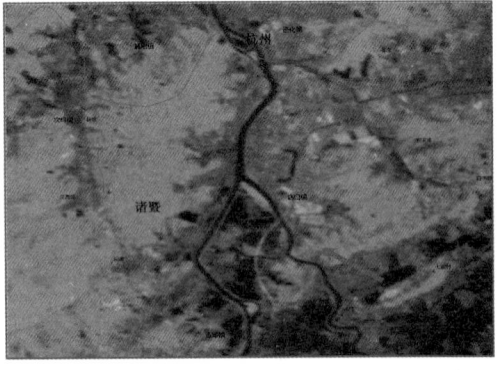

图 5.8　浦阳江诸暨段水体状况对比(左:2011 年 6 月 22 日;右:5 月 18 日)

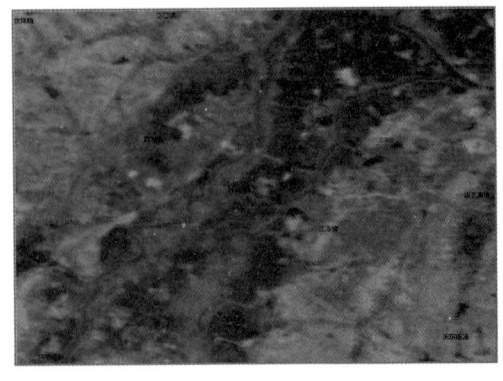 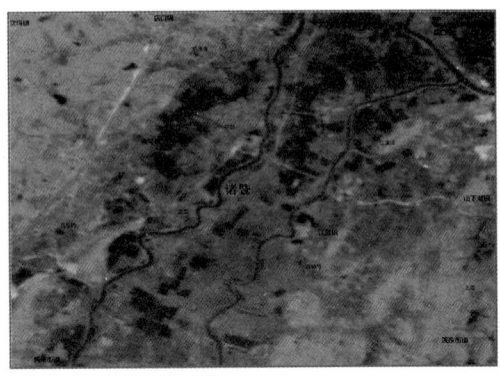

图 5.9　诸暨江藻镇附近水体状况对比(左:2011 年 6 月 22 日;右:5 月 18 日)

5.2.3　预计未来气候变化对长三角地区水安全可能的影响

5.2.3.1　来自城市内涝的压力

近年来,随着城市的高速发展,以及强降雨的频发,引起的城市内涝日益加剧。城市化正在改变大城市的气候,大城市对降水强度和降水量分布有影响,在都市区及其下风方向有降水强度加大、降水量增多的效应(徐祥德等,2003)。

城市由于热岛效应,使空气层结不稳定,城市上空的空气对流发展旺盛,城区和郊区湿度差也逐渐增大,容易产生强对流天气。城市建筑物导致下垫面粗糙度增大,引起机械湍流,且对降水系统有阻障效应,导致城区的降水强度增大,降水时间延长。建筑群还使城区的平均风速减小(王传琛等,1982;周淑贞等,1988),使得湿空气在城区堆积,夏天雷雨变得更加猛烈(Oke,1978)。另外,排放到大气中的污染物中如果含有特别大的水溶性颗粒物,可能也会诱发降水过程(徐祥德等,2003)。因此,城市特殊的下垫面和人为热排放等可使局地对流性降水增多,降水总量和降水强度增大,从而加剧城市内涝灾害。极端降水事件增多和时空分布不均,对城市现有蓄水工程系统及其科学合理调度是一个极大的考验和挑战。

政府部门应该加强预警预报的时效性,并着眼于未来合理规划城市排水体系,建设排水、蓄水相结合的排水系统,增强应急处理能力,加强排水设施的维护保养和宣传教育。

5.2.3.2　来自城市居民生活用水的压力

随着气候变暖,城市居民生活用水量对温度变化的响应更加敏感。在城市极端高温天气和居住人口增多双重的压力下,将可能导致城市用水紧张的矛盾日益加剧,对现有的城市供水的合理规划和调配也是一个较大的考验和挑战。

面对水资源供需矛盾不断加剧的现实,必须倡导节约用水,高效利用水资源的政策。城市应广泛开展节水措施宣传教育活动和公益广告,大力宣传水资源利用和保护的重要性、迫切性,增强和树立人们的节水意识。

5.2.3.3　来自城市地面沉降及海平面上升的压力

由于水资源紧缺矛盾突出导致过量开采地下水引起地面沉降也属于城市的间接水安全问题。目前,中国长江及东南沿海平原的大多数城市,地面沉降正继续在大面积地发生和发展(段永侯,1998)。地面沉降仍是 21 世纪中国沿海地区相对海平面上升的主导和决定因素。1991 年苏州、无锡和常州地区在水灾中因地面沉降扩大受淹面积达 1300 km^2,使灾情明显加重,且受淹区多在工业区和新建住宅生活小区,经济损失甚大(王颖等,2010)。

由于地面沉降造成城市重力排污失效,地区防洪、防汛效能降低,城市建设和维护费用剧增,管道、铁路断裂,建筑物开裂,威胁城市安全(李敏等,1996);并造成河道及港口淤积,航运能力下降,洪涝灾害加剧(朱兴贤等,1997);地面高程失真,影响防洪、防汛基础设施,危及城市规划,造成决策失误,致使沿海地区每年由地面沉降造成的直接经济损失达数百亿元(郑铣鑫等,2002)。

气候变化引起海平面绝对上升。而海平面上升非常缓慢,是一种长期的、缓发性灾害,但这种趋势很难阻止,并且几乎无法逆转。近 30 年来,中国沿海海平面总体上比 1978 年上升了 90 mm,平均上升速率为每年 2.6 mm,高于全球平均水平。其中,天津最快,达 196 mm;上海次之,为 115 mm;浙江上升也在 100 mm 左右。预计未来 30 年,中国沿海海平面将比 2008 年升高 80~130 mm(董锁成等,2010)。另外,来自 IPCC 和 NASA 较保守模型的预计结果也表明,上海可能在 400～500 年以后被上升的海平面所淹没。

5.2.3.4　太湖蓝藻暴发的不确定性

　　虽然在 2007 年江苏无锡太湖蓝藻事件以后,太湖蓝藻面积基本上都维持在一个相对较低较稳定的级别(彩图 5.10)。但今后,若太湖蓝藻生长所需的营养盐浓度得不到有效的控制和明显的降低,气候变暖所导致的湖水水温升高将利于蓝藻水华的繁殖和维持,不排除再次大面积暴发的可能。

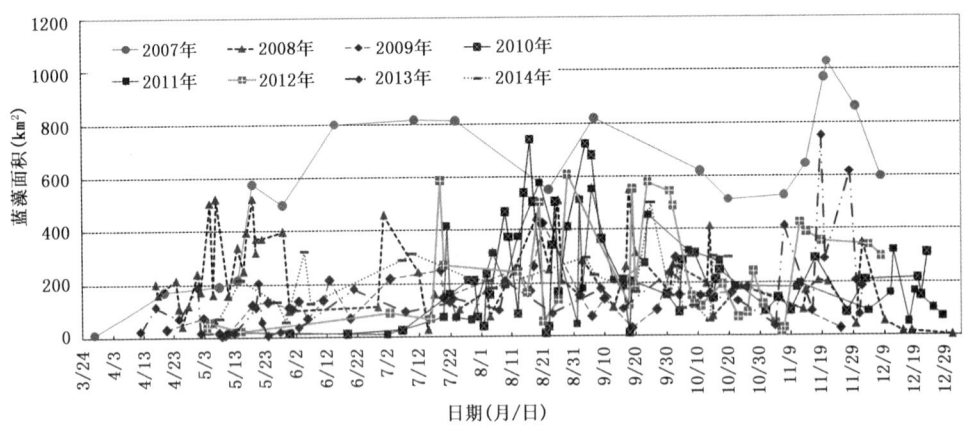

图 5.10　2007—2012 年同期遥感监测太湖蓝藻面积对比

5.3　气候变化对长三角城市群能源安全的影响

　　安全稳定的能源供给是城市正常运行的必要条件之一,是工业生产、交通运输、居民日常生活等一切活动的基本保障;随着经济的发展和人民生活水平的提高,城市对能源的需求也急剧增长。

　　区域的气候变化也影响着城市能源消费。气候变化对于能源消费的影响包括直接影响和间接影响两个方面。直接影响是指气候变化所引起的气象条件改变或气候事件出现的频率及强度改变对能源活动造成的影响,间接影响是指应对气候变化而采取的各种政策措施对能源活动造成的影响,比如节能措施对能源需求的影响、温室气体减限排措施对能源供应结构的影响等。

　　研究气候变化对城市能源供需的影响,必须考虑城市气候变化的特点和能源供需的特点。统计表明,不同行业对能源的需求和消费有很大差别,生活能源消费在能源消费中占第二位,而生活能源消费中煤炭和电力是最主要的能源品种,其中煤炭消费主要用于居民冬季取暖。随着能源供给能力的提高和人民生活条件的改善,生活能源将出现迅速增加的趋势。各个行业对于气候变化的反应是不同的,因此,气候的变化对各行业能源需求的影响也是不同的。

5.3.1　能源活动对气候变化的敏感性

5.3.1.1　长三角地区能源消费量变化趋势

　　长三角地区是我国目前经济发展速度最快、经济总量规模最大、最具有发展潜力的经济板块。经济的快速发展也带动了能源消费的迅速攀升,长三角地区能源消费总量从 1995 年的 1.7×10^4 万吨标准煤增长到 2007 年的 4.5×10^4 万吨标准煤,净增长达 1.62 倍,特别是 2000 年以来,能耗达到了 11.6% 的年均增长速度。

从上海能源消费绝对量的增长速度看,二产能源消费增长速度大于三产,三产能源消费增长速度大于生活能源消费量,而生活能源消费量增长速度大于一产能源消费量。从相对量的增长速度看,三产能源消费量增长速度最快,其次是生活能源消费量,二产能源消费量的增长速度排第三,一产能源消费量的增长最慢(图 5.11)。

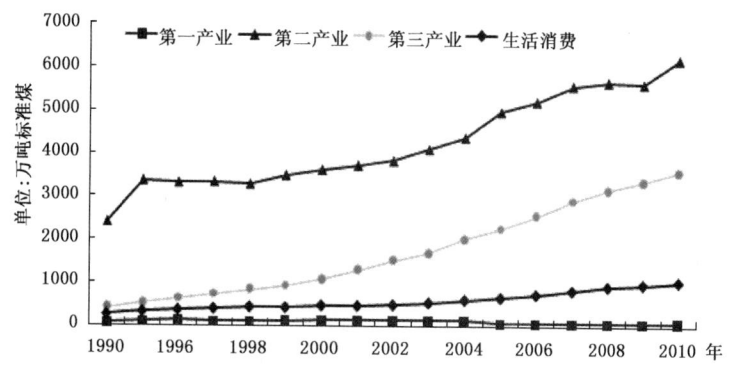

图 5.11　1990—2010 年上海三次产业和生活能源消费量

江苏和浙江省 2009 年的能源消费总量比 2000 年分别增长了 175% 和 137%(表 5.8)。第二产业仍然是两省份的主要能源消耗来源,且显示出了上升的趋势。2000—2009 年,二产能耗占总能耗比重分别提高了 3.5 个百分点(江苏省)和 3.57 个百分点(浙江省)。其中,工业是两省份二产能耗的重要部门,比重达 90% 以上。而交通运输、仓储和邮政业消耗了第三产业将近一半的能源。

表 5.8　江苏省和浙江省能源消费情况(10^4 tce)

类型		江苏		浙江	
		2000 年	2009 年	2000 年	2009 年
第一产业		400.39	360.96	256.00	343.00
第二产业		6785.29	19509.32	4590.00	11448.00
其中	工业	6743.95	19260.23	4441.00	11165.00
	建筑	41.34	249.09	—	283.00
第三产业		737.84	2249.04	655.00	2266.00
其中	交通运输、仓储和邮政业	358.52	1254.10	—	1073.00
	批发、零售业和住宿、餐饮业	169.94	366.74	—	606.00
生活消费		688.91	1589.96	362.00	1510.00
能源消费总量		8612.43	23709.28	6560.37	15567.00

注:数据来自江苏统计年鉴和浙江统计年鉴。

5.3.1.2　长三角地区能源消费结构变化趋势

上海是典型的能源消费性城市,其能源结构以煤炭为主。煤炭在一次能源中的比重过半,2000 年以来随着能源结构的调整,煤炭的比重有所下降,2009 年下降到 49.55%,低于中国的平均水平。但是总体而言,煤炭的比重仍然处于较高水平。而 2009 年,发达国家的煤炭比例不到其一次能源的 30%(彩图 5.12)。从各种形式能源绝对增长量看,上海电力消费的增长速度最快,2010 年相比 1990 年增加了 $509.42×10^8 kW·h$;排在第 2 位的是原煤,2010 年相比 1990 年增加了 $227×10^4$ 吨标准煤,以下是焦炭和燃料油。

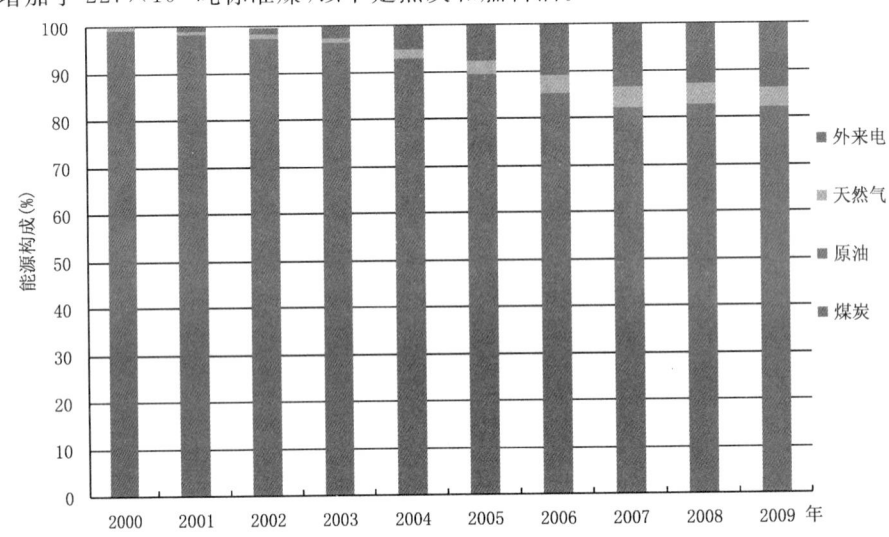

图 5.12　2000—2009 年上海一次能源构成变化趋势图(数据来自《上海统计年鉴(2001—2010 年)》)

5.3.1.3　城市气候变化对能源消费的影响机理

气候变化对于生活能源的影响:对气温变化最为敏感的是生活电力消费。一方面,夏季气温升高使夏季空调的使用量增加,进而增加生活电力消费;另一方面,冬季气温升高使城市出现暖冬现象,从而减少城市冬季取暖电力消费。

气候变化对于生产能源消费的影响:第一产业经济活动相对更加依靠自然资源,对气候条件的依赖性较大,因此,生产过程耗费的能源量受到气候条件较大影响。根据经验,气候条件比较好的年份相应地第一产业耗能也会相对比较小,否则会大幅度增加第一产业能源消费量;第二产业生产过程中的各种工艺、技术会受到气温变化的影响,厂房环境调节耗能会随着气温的不断升高而增加,各种原材料和成品的运输过程耗能同样会受到气温的影响;第三产业经济活动耗能同样受到气候条件的影响,尤其是大都市发达的现代服务业对环境气候条件的要求比较高,因此,环境调节耗能是影响第三产业能源消费量的一个重要因素。

5.3.1.4　日电力消费对气温变化的敏感性

图 5.13 为日最高用电负荷与日最高温度散点图。可以看出,日最高气温与日最高用电负荷的散点图曲线成左低右高的不对称 U 形,大致可以分成三段。第一段曲线是日最高温度超过 25℃以上,随着日最高温度的升高,夏季环境温度调节设备使用量逐渐上升,日最高用电负荷不断增加;第二段曲线是日最高温度在 15~25℃,随着日最高温度的升高,春季和秋季环境温度调节设备使用量并不会有很明显的增加,日最高用电负荷并没有明显的变化;第三段是日

最高温度在 15℃ 以下,随着日最高温度的增加,冬季环境温度调节设备使用量会显著下降,日最高用电负荷不断减小。大致上,第一段曲线斜率小于第三段,夏季最高用电负荷对日最高温度的敏感程度大于冬季最高用电负荷对日最高温度的敏感程度。

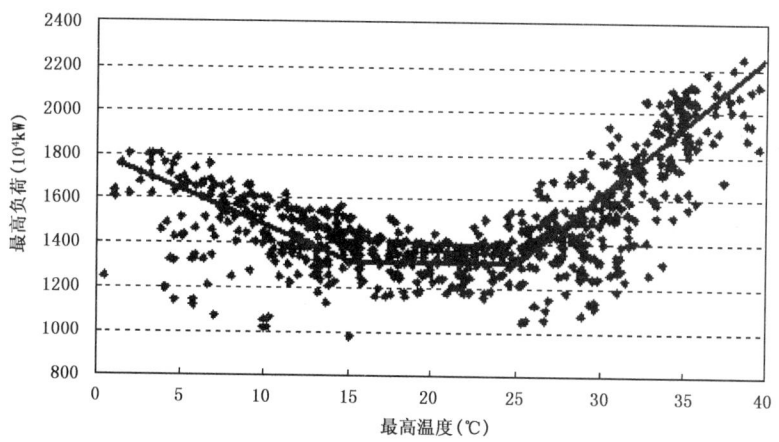

图 5.13 2007 年 7 月—2009 年 6 月日最高用电负荷与日最高温度散点图

另一方面,日最低用电负荷与日最低温度的散点图曲线和日最高温度与日最高用电负荷的散点图曲线形状大致相同(图 5.14),也呈正 U 形,且大致可以分成三段。第一段曲线在日最低温度超过 20℃ 时,随着日最低温度的上升,夏季环境温度调节设备使用量不断增加,日最低用电负荷逐渐上升;第二段曲线在日最低温度位于 10～20℃,随着日最低温度的增加,春季和秋季环境温度调节设备使用量不会发生明显变化,日最低用电负荷并没有发生明显变化;第三段曲线是在日最低温度小于 10℃,随着日最低温度的增加,冬季环境温度调节设备使用量会显著减少,日最低负荷不断减小。大致上,第一段曲线的斜率小于第三段曲线,夏季日最低用电负荷对日最低温度的敏感程度大于冬季最低用电负荷对最低温度的敏感程度。

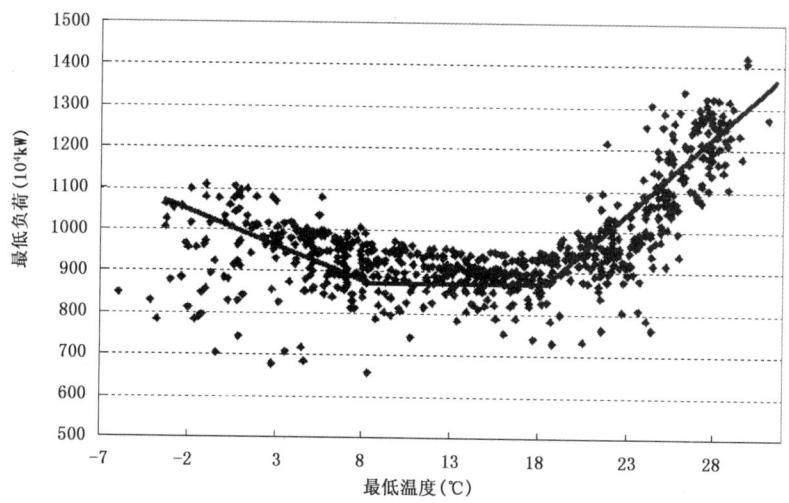

图 5.14 2007 年 7 月—2009 年 6 月日最低用电负荷与日最低温度散点图

　　虽然日最高气温和日最高用电负荷散点图与日最低气温和日最低用电负荷散点图趋势线形状大致相同,但是气温对用电负荷影响的敏感温度不同。日最高气温和日最高用电负荷散点图趋势线相对于日最低气温和日最低用电负荷趋势线整体上右移了5℃。

5.3.2　观测到的影响

5.3.2.1　气候变化对用电负荷的影响

　　气候变化对城市用电负荷及电网安全具有重要影响。

　　其一,以气温为代表的气象要素对用电负荷/用电量大小的影响。电力系统的用电负荷是指某一时刻系统中所有用电设备消耗总功率的总和,用电负荷在时间尺度上的累积量就是系统的用电总量。

　　气候变化与气象要素的相关关系存在季节特征:夏、冬季的相关性显著,而过渡季节(秋、冬)相关性不显著。与典型季节气象负荷关系最为密切的气象要素依次为气温、气压、湿度。气温与气象负荷在夏季(冬季)呈正(负)相关;气压在夏季(冬季)与气象负荷呈负(正)相关;湿度在夏季工作日与气象负荷呈负相关。在不同季节,气温、气压、湿度的单位影响效应不同。

　　上海电网的用电负荷特性呈现国际大都市电网的用电特征,气温成为用电负荷曲线的主要决定因素,夏季用电高峰期间出现持续高温或出现极端高温天气,则空调制冷负荷的迅猛增长将造成上海电网用电负荷的大幅攀升。夏季除日最高气温≥35℃以外,日最低气温≥28℃的持续出现也对用电负荷有重要影响(图5.15和图5.16)。据调查,夏季若温度每升高1℃,上海电网的用电负荷将增加约70×10^4 kW,在较高的基础温度下用电负荷增加的幅度可能更大。

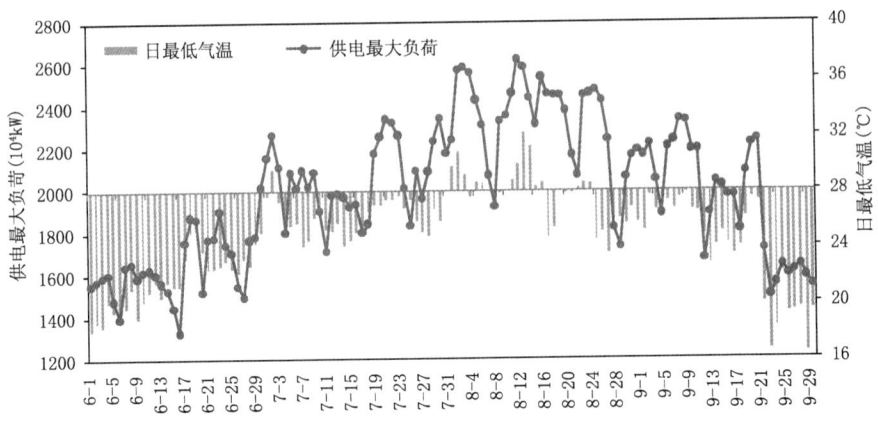

图5.15　2010年6—9月的日最低气温与供电最大负荷逐日演变

　　根据江苏省50年来的用电量资料和1985年以来夏季平均气温距平资料,分析发现城市系统用电量在随社会经济发展增长的同时,因夏季高温波动而引起的居民和城市系统用电量的明显变化(赵彤等,2004;吴先华等,2006),近些年夏季高温日数增多是居民和城市系统用电量增加的重要气候因子(刘健等,2005)。南京市的地理及气候条件也是影响其电力负荷特性的一个重要因素。经调查,1996—2000年南京市地区供电负荷比率夏季最大,冬季次之,与最高用电负荷的增长对应有一个最相关温度因子,且它们的变化趋势基本一致(王治华等,2000);利用日平均气温变量可以预测日用电量和日最高用电负荷的变化,7—9月日平均气温

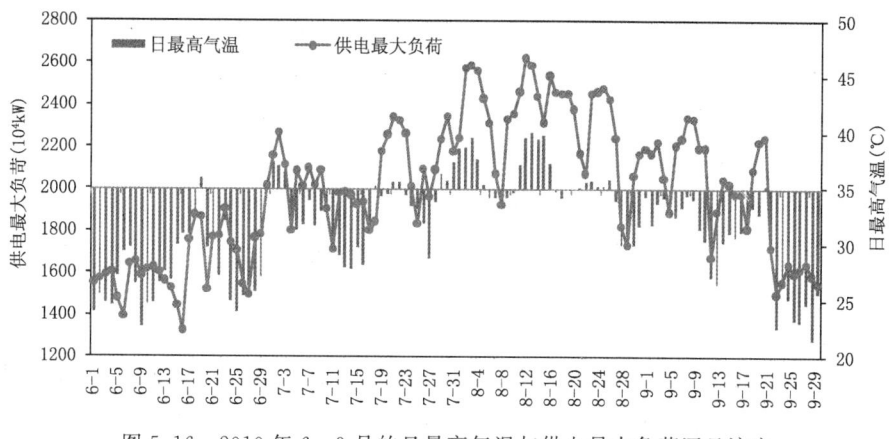

图 5.16　2010 年 6—9 月的日最高气温与供电最大负荷逐日演变

每增加 0.1℃,该月平均日最高用电负荷分别会相应增长 $2.3×10^4$ kW、$4.1×10^4$ kW 和 $2.5×10^4$ kW(张海东等,2009)

其二,城市群对极端天气具有较高的敏感性和脆弱性,受特殊天气事件的影响可能大于其他省市。对电网安全造成影响的特殊气象要素主要包括高温热浪、台风、雷电、大雾、冰雪。另外,由于污湿原因造成的污闪事故(使线路瓷瓶绝缘能力急骤下降、电网频繁掉闸),一旦发生常常会造成停电,损失电量大,检修时间长。分析表明:大雾、小雪、毛毛雨、小雨、雨夹雪、冰融等恶劣天气是导致污闪事故发生的主要气象条件,而且污闪事故的发生与某些气象因素(相对湿度、气温、风向、风速、结冰、积雪等)有着密切的关系。

5.3.2.2　气候变化对制冷采暖需求的影响

采暖和制冷紧密相连的能源载荷与气温关系密切,气温升高造成制冷度日数明显增加、采暖度日数减少。采用度日法分析其相关关系,度日分为采暖度日和制冷度日,能够反映采暖和制冷所需能源的时间气温指数。

相对于我国北方采暖区而言,江苏省采暖期开始晚、结束早、采暖期短,而制冷日数相反,分别以 10℃ 和 26℃ 作为采暖度日数和制冷度日数的基础温度。

江苏省年均采暖度日数空间分布总体表现为北多南少。从 1961—2007 年采暖度日数时间分布来看,20 世纪 60—80 年代前期采暖度日数基本保持不变或略有增加,80 年代中后期开始迅速减少。其中 1969 年采暖度日数最多为 1069.8℃ · d,2007 年采暖度日数达到历史最低,为 506.5℃ · d。年均制冷度日数总体表现为南多北少。从 1961—2007 年制冷度日数时间分布来看,呈现出先减少后增加的变化趋势,20 世纪 60 年代夏季制冷度日数高于常年平均值,70 年代开始下降,80 年代最低,进入 90 年代又开始上升。其中 1994 年夏季制冷度日数最多,为 226.2℃ · d,1980 年夏季平均制冷度日数最少,为 49.7℃ · d。

浙江省分别以 11℃ 和 24℃ 作为采暖度日数和制冷度日数的基础温度。从浙江省 1961—2007 年采暖度日数变化趋势看,采暖度日数的变化主要分为两个阶段,其中 20 世纪 60—80 年代中期采暖度日数基本保持不变并略有增加,80 年代中期开始,冬季变暖趋势显著,采暖度日数急剧减少,速率为 96.4℃ · d/10 年,但在减少的过程中年际波动较大;进入 21 世纪采暖度日数继续减少,但年际波动加大。从浙江省 1961—2007 年制冷度日数变化趋势看,制冷度日数呈现出先减少后增加的变化趋势,以 2003 年最高,为 488.7℃ · d,而以 1974 年最低,为

242℃·d。从年代际上来看,在 20 世纪 70—80 年代,浙江省的年均制冷度日数较低,分别为 127℃·d 和 143℃·d,其他时期制冷度日数较高,特别是 21 世纪以来,制冷度日数增加十分明显。总体来看,气候变暖减少了采暖能耗,但大幅度增加了制冷能耗。

5.3.2.3　气候变化对于风能、太阳能的影响

应对气候变化推动经济向低碳型发展,新能源和低碳能源发展势头强劲。在可再生能源政策的支持下,在某些地区,特别是经济发达地区,可再生能源已经开始表现出从补充能源向主要的代替能源发展的趋势,过去 10 年,全球风电的年均增长速度达到了 28%,太阳能光伏的年均增长速度超过了 30%。

长三角地区滨江临海,海上风能资源丰富,气候变化将改变风力分布,对风力发电产生影响。我国地面 10 m 高度层上的风能资源总储量为 $32.26×10^8 kW$,可开发量为 $2.53×10^8 kW$,而近海风能资源是陆上风能资源的 3 倍,预计达 $7.5×10^8 kW$(王中宇,2007),其中江苏省风能资源位于全国第十位(凌申,2008)。

有研究认为,风的能量与风速的三次方成比例,风力 10% 的峰值变化能使可获得的风能产生 30% 的变化。1956—2004 年,东南沿海地区风速减小显著,主导风向的平均风速每 10 年减小 0.3 m/s(江滢等,2010)。平均风速下降将减少风力发电机的发电量。此外,风力发电机的发电出力与空气密度有很大关系,气温变化±10 ℃可使空气密度变化±4%,气温升高将使空气密度下降,造成同样风速下风力发电机的发电出力下降。

上海大力推进风电等多种新能源,东海大桥 $10×10^4 kW$ 海上风电场并网发电,成为亚洲首座大型海上风电场,全市风电装机达到 $21×10^4 kW$,是“十五”期末的 9 倍左右。“十二五”期间,上海将加快推进大型风电基地建设。到 2015 年,形成东海大桥、临港、奉贤三个海上风电基地。同时,扩大崇明、长兴、老港三个陆上风电基地规模,全市风电装机达 $100×10^4 kW$ 左右。

在太阳能开发方面,根据 2008 年《江苏省太阳能资源评估报告》,江苏太阳辐射年总量在 $4245～5017 MJ/m^2$,主要表现为由南向北递增,西部地区小于东部地区,东北部地区为最高,年太阳总辐射量在 $4900 MJ/m^2$ 以上,西南部地区为最小,年太阳总辐射量在 $4500 MJ/m^2$ 以下。年内分布是,冬、春、秋季为北多南少,夏季相反,为北少南多。从近 47 年来江苏省南京、淮安、吕泗三个辐射观测站资料来看,年太阳总辐射在 20 世纪 60—80 年代呈下降趋势,自 90 年代始有所增加。江苏太阳能多年平均辐射总量在全国省区中属于中等水平,太阳能资源相对比较丰富,且近些年有增加的趋势,开发利用前景广阔。

5.3.3　潜在影响

对化石能源消费的限制。能源消费增长将不可避免地导致温室气体排放进一步增长。根据 IPCC 第四次评估报告,2004 年全球温室气体排放总量中,CO_2 占 79.6%,全球温室气体稳定浓度需要控制在 $450～550$ ppmvCO_2 当量,按照这一目标,2050 年,全球人均温室气体排放量需要从 2004 年的 7.68 tCO_2 当量(6 种温室气体)降低到 2 tCO_2 当量左右。减缓全球气候变化的首先就要减少温室气体排放,化石能源消费必然将受到限制。

对制冷/采暖需求的影响。中国平均地表气温 2030 年可能比现在升高 1℃ 左右,2050 年可能升高 1.4～1.8℃,长三角城市群伴随城市化进一步发展,城市热岛效应预计更加显著,气温升高将对夏季降温的电力需求产生较大的影响。

对水力发电的影响。2031—2040 年,南方地区的大部分水库上游流域 10 年降水量可能出现明显减少趋势(高歌等,2008),水库发电出力将受到影响。2040 年以后,降水量可能持续明显增加,到 21 世纪末可能增加 8％～10％左右。气候变化将改变降水的时间和地域分布,强降水事件频次可能增加。未来中国南方降水日数将增加;21 世纪后期中国东部大雨和暴雨等强降水事件发生频率可能明显上升(丁一汇,2008)。极端强降水事件的发生频率和强度增加,将使水库安全运行风险加大。

对城市供电设施的影响。IPCC 第四次评估报告的三种情景(SRES-A2,A1B,B1)下,长江流域年极端严重的洪灾、冰雪灾害及干旱事件可能增加(徐明等,2009),将对城市供电系统提出更高要求。

5.3.4　对策建议

能源结构调整。实行多元化能源结构,加快可再生能源的开发利用。加强科学论证、系统规划、在妥善处理好生态环境保护和移民安置的前提下,加快核电、水电、风电的开发建设;制定可再生能源发电的电价优惠价格政策,为可再生能源发展创造了良好政策环境;因地制宜、推动生物质能和太阳能等其他可再生能源的发展。

发展先进技术。加快高温气冷堆、快中子增殖堆、受控核聚变的研究进程;加强对大容量风力发电机组、生物质能源的高效生产技术、生物质燃料的高效转换和利用技术、高效太阳能热利用、太阳能光伏发电、太阳能光化学转换技术和材料、太阳能利用和建筑一体化等技术的研发;研究和发展低能耗和低成本的碳分离和碳储存技术。

优化采暖降温方式。合理确定被动和主动取暖和降温的时段,在保证人体舒适的前提下,合理使用能源;采取有效的节能措施改善建筑的热工性能,尽量考虑利用自然界的阳光、气温、风等条件,改善建筑物室内热舒适性,降低建筑全年能耗,最大限度地减少建筑对能源的需求。

参考文献

邓淑珍,陶丽琴,李建章.2008.科学应对气候变化为经济社会发展提供水安全保障-访水利部部长陈雷[J].中国水利,2:1-5.

丁一汇.2008.气候变化的不确定性和复杂性:是否可能有效运用本地机制预测未来? 见:刘燕华主编.气候变化与科技创新[M].北京:科学出版社.

董锁成,陶澍,杨旺舟,等.2010.气候变化对中国沿海地区城市群的影响[J].气候变化研究进展,6(4):284-289.

段永候.1998.我国地面沉降研究现状与 21 世纪可持续发展.[J]中国地质灾害与防治学报,9(2):1-5.

高歌,陈德亮,徐影.2008.未来气候变化对淮河流域径流的可能影响[J].应用气象学报,19(6):741-748.

何吉成,徐雨晴.2011.中国交通—气象部门协作应对灾害性天气气候事件机制分析.铁路节能环保与安全卫生,01(6),288-293.

江滢,罗勇,赵宗慈.2010.中国风速和风能变化研究.全国优秀青年气象科技工作者学术研讨会.

李敏,段绍伯.1996.上海生态环境的水灾风险分析[J].上海环境科学,15(12):45-47.

李植斌.1997.浙江省海岛区资源特征与开发研究[J].自然资源学报,12(2):139-145.

凌申.2008.盐城东沙风能资源开发与海上风电场建设对策研究[J].生态经济,(9):B113-115,119.

刘健,陈星,彭恩志,等.2005.气候变化对江苏省城市系统用电量变化趋势的影响[J].长江流域资源与环境,14(5):546-550.

陆敏,刘敏,权瑞松,等.2010.上海市暴雨灾害的系统特征与脆弱性分析[J].华东师范大学学报(自然科学版),(2):9-15.

缪金祥.2008.从南方雪灾谈交通应急预案[J].交通企业管理,**23**(9):6-7.

潘敖大,王珂清,曾艳.2011.长江三角洲近46a气温和降水的变化趋势[J].大气科学学报,**34**(2):180-188.

权瑞松,刘敏,张丽佳.2011.上海市地下轨道交通暴雨内涝脆弱性评价[J].人民长江,2011,**42**(15)13-17.

沙万英,邵雪梅,黄玫,等.2002.20世纪80年代以来中国的气候变暖及其对自然区域界线的影响[J].中国科学(D辑),**32**(4):317-326.

施春红,胡波.2007.城市供水安全综合评价探讨[J].资源科学,**29**(3):81-85.

孙顺才,黄漪.1993.太湖[M].北京:海洋出版社.

王成林,潘维玉,韩月琪,等.2010.全球气候变化对太湖蓝藻水华发展演变的影响[J].中国环境科学,**30**(6):822-828.

王传琛,刘标楹.1982.杭州城市气候[J].地理学报,**37**(2):164-173.

王艳,郑志明.2003.对当前交通运输形势的思考[J].江苏交通,(10):4-5.

王颖,王腊春,朱大奎.2010.长江三角洲水资源现状与环境问题[J].科技通报,**26**(2):171-179,188.

王治华,杨晓梅,李扬,等.2000.气温与典型季节电力负荷关系的研究[J].电力自动化设备,**22**(3):16-18.

王中宇.2007.从能源看"崛起"——将战略问题放在战略位置上来思考[J].科学新闻.41-48.

吴先华,郭际.2006.江苏省电力消费量的影响因素及预测[J].统计与信息论坛,**21**(6):76-81.

夏健,钱培东,朱玮.2009.2007年太湖谢蓝藻水华提前暴发气象成因探讨[J].气象科学,**29**(4):531-535.

谢平.2008.太湖蓝藻的历史发展与水华灾害——为何2007年在贡湖水厂出现水污染事件?30年能使太湖摆脱蓝藻威胁吗?[M]北京:科学出版社.

徐明,冯德超.2009.长江流域气候变化脆弱性与适应性研究[M].北京:中国水利水电出版社.

徐祥德,汤绪.2003.城市环境气象学引论[M].北京:气象出版社.

许有鹏,尹义星,陈莹.2009.长江三角洲地区气候变化背景下城市化发展与水安全问题[J].中国水利,**9**:42-45.

姚小芹.2011.沪宁高速气象服务效益评估研究[D].南京信息工程大学硕士论文.

张海东,孙照渤,郑燕,等.2009.温度变化对南京城市电力负荷的影响[J].大气科学学报,**32**(4):536-542.

赵彤,孙大雁,葛诚,等.2004.江苏电网夏季气温与用电量敏感性关系初探[J].电力需求侧管理,**6**(6):20-26.

郑铣鑫,武强,候艳声,等.2002.关于城市地面沉降研究的几个前沿问题[J].地球学报,**23**(3):279-282.

周淑贞,余碧霞.1988.上海城市对风速的影响[J].华东师范大学学报(自然科学版),(3):30-41.

朱兴贤,朱锦旗.1997.苏锡常地区地面沉降与经济损失分析[J].水文地质工程地质,**24**(3):24-25.

邹晨曦.2011.沪宁高速公路雾灾的分布特征与风险评估[D].南京信息工程大学硕士论文.

Oke T L.1978.Boundary Layer Climates[J].*Methuen*,London:372.

Paerl,H W,Huisman J.2008.Blooms like it hot[J].*Science*,**320**:57-58.

第6章　长三角典型城市适应气候变化案例分析

摘要:根据城市等级、城市脆弱性评估结论及地域均衡分布等情况,本章选取了上海、南京和舟山为代表城市,收集这些城市在应对气候变化,减少灾害风险的案例,分析它们的应对措施和方法,学习成功的经验,并给出适用性评价和建议。这些经验对其他城市降低城市脆弱性,更好的持续发展有着重要的指导意义。

长三角城市群是我国规模最大的城市群,根据常住人口数可划分成特大城市、大城市及中小城市不同等级城市。在报告的第 4 章对长三角城市群进行了气候脆弱性评估,从结果来看,总体最脆弱的城市包括泰州、舟山等四个城市,其气候敏感因子成为脆弱性主要驱动因素;南京、常州等城市脆弱性主要因素为气候防护规划落后;上海脆弱性主要的因素则是制度和治理相对落后。综合考虑城市脆弱性评估结论、城市等级及地域分布等情况,本章将以上海为大型城市代表,南京作为中型城市代表,舟山为小型城市代表,收集这些代表城市在应对气候变化,减少灾害风险的案例,总结和归纳了它们成功的经验和做法。

6.1　上海适应气候变化案例分析——水质安全

6.1.1　现状

水是自然生态系统受气候变化影响最直接的因子。气候变化可以通过对水质、水量和水的时空分布三个方面影响水文循环,并进而影响与水息息相关的系统其他各个环节。上海作为典型的河口城市,由于水环境的改变而受到的气候变化影响尤为显著。

(1)水质型缺水

一般认为,长江水量丰沛,加上太湖流域来水量,大大弥补了上海本地水资源不足的问题。但由于上海 99.73% 的水资源依赖于过境水,水质深受周边地区用水和排污情况的影响,2009年上海市 719.8 km 评价河道中,优于Ⅲ类(含Ⅲ类)水河长占评价河长 28.7%、Ⅳ类水河长占 27.2%、Ⅴ类水河长占 8.5%、劣Ⅴ类水河长占 35.6 %,淀山湖(上海部分)湖区水质仍属富营养化。上海成为中国最典型的水质型缺水城市(上海市水务局,2009)。

(2)上游来水减少和盐水入侵

气候变化改变了长江流域水的时空分布,集中表现为汛期提前,峰值提高;枯季延长,特枯水情频发。对河口最直接的影响是由于上游来水的减少引发提前、持续和频繁的盐水入侵。

河口水体的盐度受上游来水量、天文大潮、风暴潮等因素影响,时常发生波动,当海水倒灌达到一定强度时,就会发生盐水入侵。近十年来盐水入侵的出现时间明显提前,持续周期长。最严重一次是 2006 年夏季长江流域严重干旱,9 月第一次盐潮来袭,比往年记录提前了近三个月。自 2006 年 9 月至 2007 年 5 月,共发生 14 次盐水入侵,其中有七次的持续时间超过 5 d,总累积影响 80 d 8 小时(陈吉余等,2009)。

(3)其他间接影响

除了上游来水减少和海水倒灌,间接影响并加剧盐水入侵对上海市供水安全影响的因素还包括海平面上升和地面沉降。海平面上升和地面沉降等因素的叠加影响,进一步加剧了风暴潮、海水入侵等灾害对上海市供水安全的威胁,并不同程度地影响了沿海地区的城市防洪排涝系统,对城市安全带来重大威胁。

6.1.2 措施

(1)严格执行水资源管理制度。根据 2011 年中央 1 号文件,上海市从用水效率、开发利用和限制纳污三方面执行最严格的三条红线水资源管理制度。2000—2010 年,上海市以 13% 的用水增量维持了 2.5 倍的 GDP 增长和 40% 的人口增长。“十一五”期间,上海市万元 GDP 用水量从 125 m³ 下降到 75 m³,下降 40%,工业增加值用水量从 197 m³/万元下降至 121 m³/万元,减少 33%。按照“十二五”规划要求,还将继续削减至少 30%。

(2)启动中小河道整治工作。为彻底改变城市水环境面貌,上海市 1998 年起相继实施了四轮环境保护和建设三年行动计划,以其中核心项目苏州河环境综合整治为例:1998—2008 年,分三期实施苏州河综合整治工程,以消除黑臭、治水和城市生态恢复为三个阶段工作主体,有序有效地推动了内河水环境的治理工作(恽尒兴,2010)。

(3)控制较为显著的地面沉降问题,上海自 2003 年起实施新一轮地下水控制计划,“十一五”期间上海市地下水开采量压缩约 2/3,2010 年地下水开采量近十年来首次低于 2000×10⁴ m³,并成功实施了约 1900×10⁴ m³ 的地下水回灌,基本实现了地下水的采灌平衡,地下水水位已经得到大幅回升,地面沉降问题也得到有效控制(图 6.1)(资料来源:上海市水务局)。

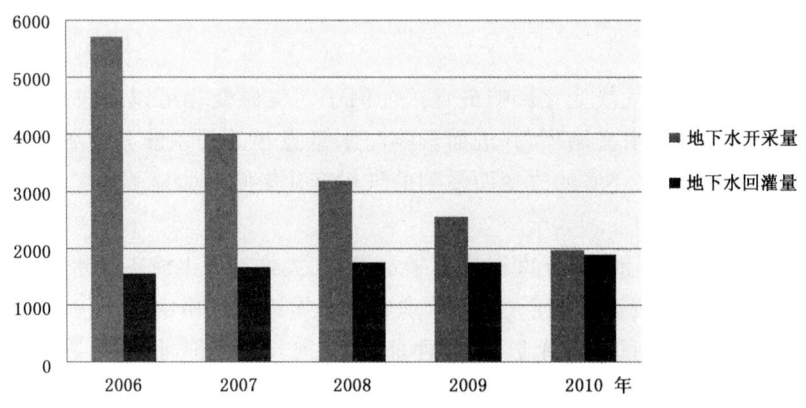

图 6.1 地下水采灌情况(10⁴ m³)

(4)发展多源互补的水源地格局。改变过去主要依靠黄浦江水源的供水格局,构建形成依托流域、两江并举、多源互补为主体的水源地新格局。重点建设黄浦江上游、陈行、青草沙、东风西沙四大水源地,同时保留发展其他战略水源地的可能性。

（5）开展长江口氯度监测和咸潮入侵灾害预警工作

2007 年由国家海洋局东海预报中心专门立项开展长江口咸潮入侵业务化监测、预报系统研究及示范，目前建成了由徐六泾至长江口外，覆盖长江口北支、南支、北港、南港区域和口门外海域 14 个测点的咸潮入侵自动化监测网络。目前已完善长江口以陈行水库为中心的氯度实时遥测网，建立了长江口水域氯度数据库，指导原水公司在枯水季节的水资源调度和生产活动，有效缓解了盐水入侵对城市供水安全的直接影响。

6.1.3　评价

上海市在保障城市供水安全领域开展了大量细致而卓有成效的工作。运用了最先进的科学技术，调动了各领域的相关资源，积累了可供其他城市参考的重要经验。但我们也看到，对气候变化影响的适应对策主要依据对历史规律的分析和评估，对未来的持续变化尚缺乏充分的应对。为此，为上海未来更好地适应气候变化影响，保障城市供水安全，需要继续加强以下几方面工作：

（1）加强流域联动，推动水资源综合管理。上海作为典型的河口城市，威胁供水安全的水质、水量和水的时空分布等问题，都和整个流域水资源的分布和利用息息相关。因此，除了立足自身寻求解决方案，从长远来说，上海必须积极参与到整个流域水资源综合管理和调度工作中，将河口供水安全纳入整个流域水资源综合调度必须考量的因素。

（2）加强河口湿地系统保护。气候变化的影响往往通过与污染、水资源过度开采和调度、河湖水网的破碎化、地面沉降等问题叠加而对城市供水安全产生巨大影响。而水资源的保护和恢复，一方面要有效地规范人类对水资源的开发和利用行为，另一方面也要通过恢复自然、健康的水文关系和湿地生态系统来重建水资源的生命力。

（3）开展公众教育，鼓励公众参与。气候变化适应不仅仅是科学性或政策性的问题，以供水安全为例，气候变化的影响需要每一个公民理解、认知，并学会如何有效地应对。应开展针对不同人群、不同形式和内容的公众教育，与此同时，支持信息公开，鼓励公众主动参与到相应政府规划执行的监督和评估过程中来。

6.2　南京应对气候变化的案例分析——基础设施建设

2008 年初，我国南方地区遭遇大范围雨雪冰冻灾害天气，电网严重受损，电力供应中断，极大地干扰了经济社会和人民生活的正常秩序。冰冻灾害表明，电网是重中之重，一通百通，只有电网可靠运行，才能保障经济社会的正常运行。

经过对 2008 年年初南方地区电网遭受冰雪灾害进行深入分析和总结，为保持电网建设与经济发展相适应，电力行业管理部门及国家电网公司均提出必须适度提高电网设计标准，以提高电网抵御严重灾害的能力，从而达到提高电网安全水平和供电可靠性的目的。

江苏省电力设计院（省电力公司所属）与江苏省气候中心携手，针对各类影响电网运行的灾害性天气进行研究分析，根据其分布规律制定出相应的电网布局设计。研究成果分析了南京地区大风的气候变化规律，并对大风灾害性天气资料详查，根据城市化发展和观测场下垫面的改变，对现有的风资料进行订正，计算可能出现的大风情况，用以指导南京地区架空线路设计,特别是应用于众多的 110～220 kV 架空线路设计,同时也为电网建设标准化提供不可或缺的技术支撑。

6.2.1 现状

大风是对电网造成影响的主要灾害性天气。南京位于中纬度亚洲大陆东岸,属东亚季风区,又属亚热带和暖温带的过渡区,较常发生龙卷风、飑线、台风、寒潮等易引发大风天气,其中龙卷风、飑线风极易导致电网出现倒杆、倒塔及断线现象。

从历史纪录来看,2005 年苏北地区先后出现两次严重的电网风灾,一次是盱眙"4·20"龙卷风灾,造成 500 kV 线倒塔 3 基(图 6.2);另一次灾情更为严重的是宿迁"6·14"飑线风灾,当时事故附近的新袁镇瞬时风速高达 32.9 m/s,华东、江苏"北电南送"的重要通道——500 kV 任上(任庄—上河)5237 线的 10 基铁塔倒塌(图 6.3)。

图 6.2　2005 年"4·20"龙卷风灾盱眙段倒塌的 500 kV 线铁塔

图 6.3　2005 年"6·14"飑线风灾宿迁段倒塌的 500 kV 线铁塔

项目通过对所选台站的 10 min 年最大自记风速和极大风速进行分析,从图 6.4 中可以看到,江苏省极大风速值均超过了 17 m/s,南京位于极大风高值区内,中心极大风速可达35 m/s以上,因而南京地区电网受大风影响较为显著。

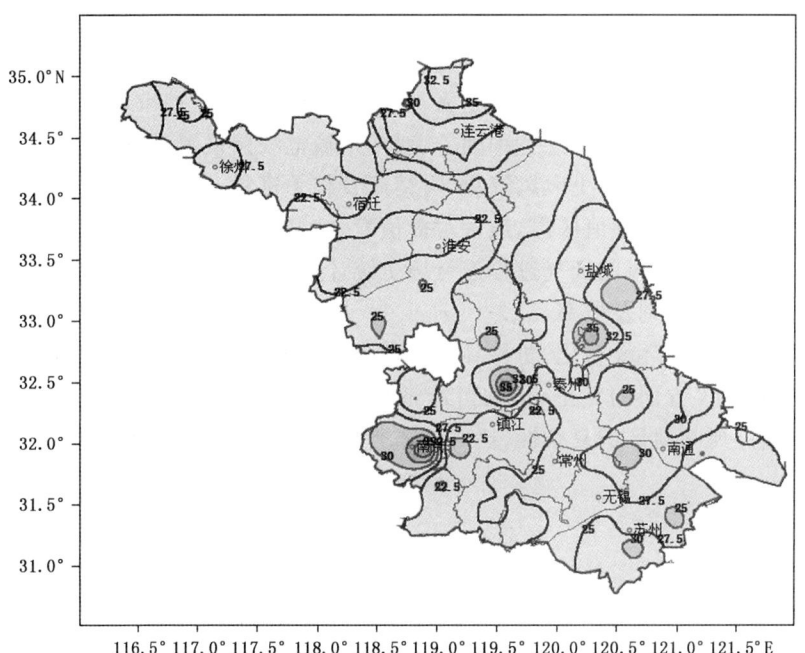

图 6.4　江苏省极大风速分布图(m/s)

考虑到影响风速的因子较多,包括下垫面、台站观测环境等,为了提高局地性、突发性天气的监测预警能力,江苏省气象局从 2000 年就开始筹备建设区域自动气象站。至今为止,在全省已建立了近千个各类气象要素区域自动观测站。自动观测站建立,不仅可以对特殊地域补充相应的气象资料,而且对于研究由于环境变化对部分气象资料的订正有着重要意义。目前江苏省拥有 329 个含有风速观测的中尺度站,其中南京地区拥有 37 个(图 6.5)。

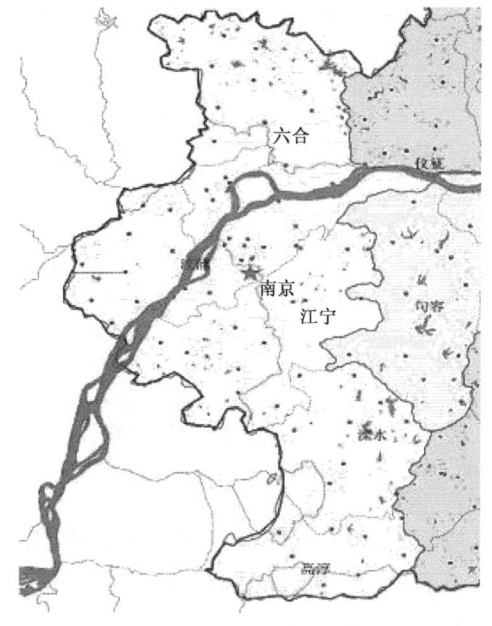

图 6.5　南京地区风速自动观测站分布图

6.2.2　措施

考虑到影响风速的因子较多,包括下垫面、台站观测环境、所在城市环境等发生的变化,都会对风速造成很大的影响,综合考虑各种因子,对南京输电线路位置进行分析:

(1)首先收集南京地区的历史大风资料,灾情库及相关资料,研究其气候变化趋势,发现南京位于整个江苏的极大风速高值区内,通过对极值发生时的天气过程分析来寻找致风原因。

(2)对各类可能导致大风的天气过程进行历史统计,分析其发生概率、频次等特性,得到南京地区可能出现的大风级别及概率。

(3)测风仪高度、观测环境变化、防护林及城市化等方面对风速都有一定的影响,我们对已有的风速资料进行了多方面的订正,最大可能地保证风速资料的可靠性(图 6.6 和图 6.7)。另外,考虑输电线路所在地区的复杂性,还对林木带地区、湖泊水体及山体周边的风速做了专门的研究。

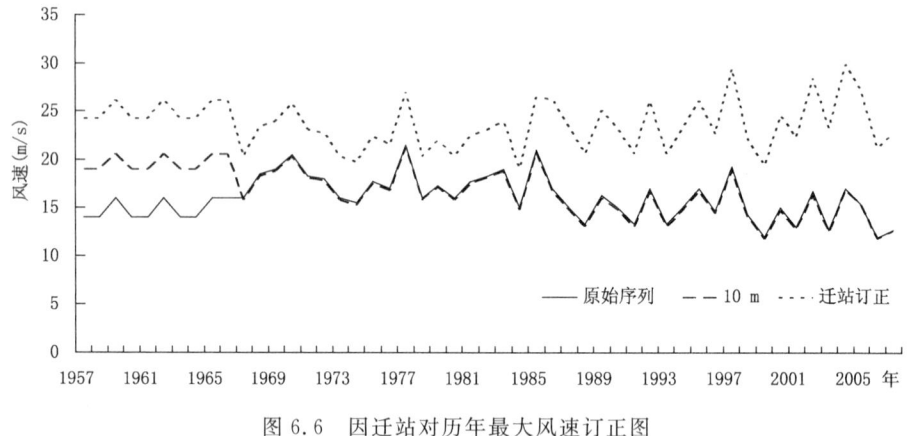

图 6.6　因迁站对历年最大风速订正图

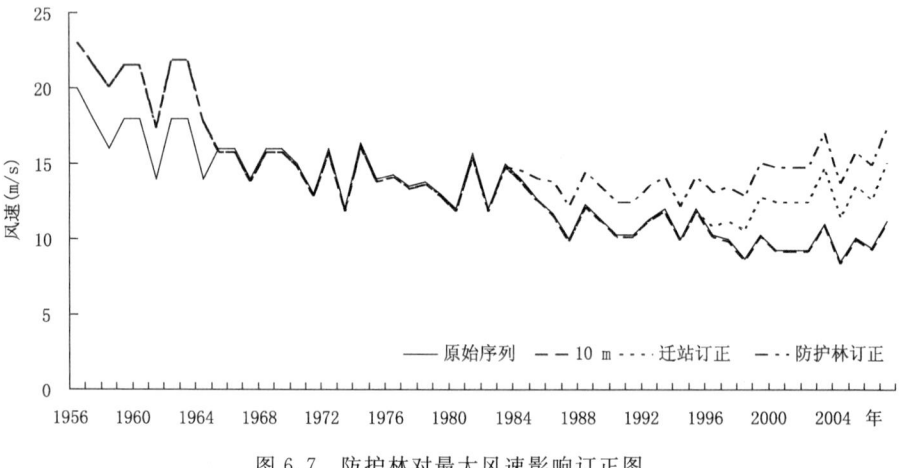

图 6.7　防护林对最大风速影响订正图

(4)最终得到的南京各地区的大风极值资料表明,目前采用的多条线路电网设计标准都存在断线、倒塔的可能性,江苏省电力设计院根据各地区风力的序列资料,与现行的行业要求相结合,将 110~220 kV 电网安全等级提高至二级,500 kV 安全等级提高至一级。

　　根据不同地区出现大风的概率和级别,江苏省电力设计院把该项工作成果正式运用到电网建设工程里面,这将在一定程度上增强了输电线路的安全性,有效地降低了电网设施建设应对气候变化的脆弱性。

6.2.3　评价

　　随着电网建设、技术水平的快速发展,目前电网建立已不是问题,关键是要建持久耐用,不易受气候变化影响的电网,而部分电网位于地形复杂的区域,如海岛、高山、河谷,一般没有长期气象观测。根据最邻近气象站资料及短期自动考察站资料推算电塔电线的设计风速极其重要。案例成果由于具有系统性和创新性,尤其是提出要检测和建立各地区的年最大风速标准序列(订正后),对今后复杂地形下高大柔性建筑设计风速的推算有重要参考价值。目前该成果已在江苏段多条输电线路工程的设计中得到应用,并很快在施工和今后的运营维护中得到使用。此外,案例还研究了工程点周边地区的气候特征、极端值、气象灾害及气候变化特征等,也将在其他基础设施建设的设计、施工和运营维护中发挥作用。另外,案例中的分析方法因其系统性、全面性,同样适用于其他地区、领域。

6.3　舟山适应气候变化案例分析——干旱缺水

　　舟山群岛作为继上海浦东、天津滨海和重庆两江后的又一个国家级新区,也是首个以海洋经济为主题的国家级新区,孕育着前所未有的发展潜力和美好前景。但是,由于其特殊的自然地理位置及条件,属于资源性缺水,旱情发展频繁且严重已成为海岛社会经济发展的重大制约因素之一(图 6.8 和图 6.9)。"如何解决缺水,保障全市经济社会可持续发展?"一直是舟山上下孜孜以求的课题。多年来,舟山市坚持从海岛实际出发,不断总结水利工作经验和规律,积

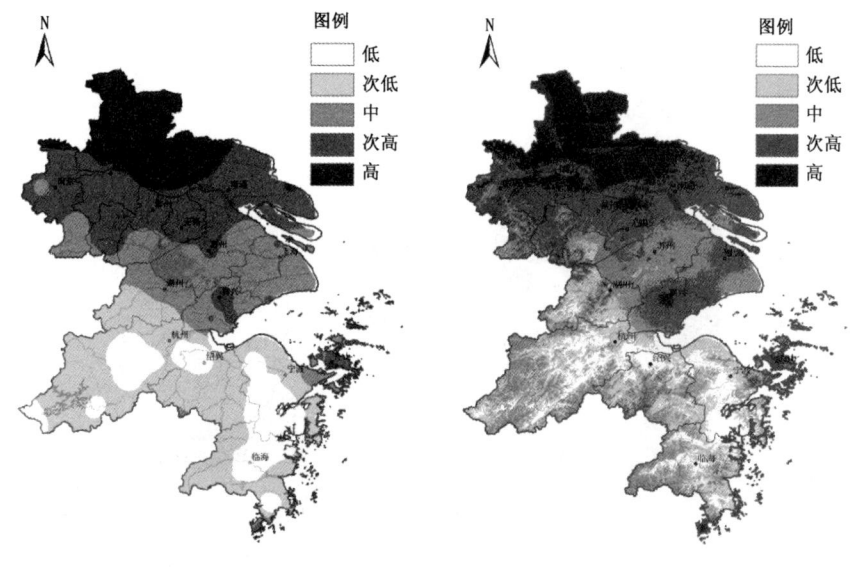

图 6.8　长三角地区干旱强度分布　　　　图 6.9　长三角地区干旱风险区划

极运用水利科技成果,采取引水、拦水、联水、造水、节水、净水"六水"联动措施,初步形成了以本地水资源、大陆引水和海水淡化组成的供水水源系统,实现了水资源配置从小规模向大规模、从分散向集中、从单一水源向多水源、从区域分割向区域联网的转变,提高了供水能力和水资源开发利用效率,确保了全市供水安全。

6.3.1　现状

舟山地处海岛,山低源短,无过境客水,水资源全靠降水补给。目前人均水资源拥有量只有 700 m³ 左右,人均水资源占有量约为全省平均的 1/4,是一个资源型缺水的地区(徐盈等,2012)。舟山群岛降水量较大陆偏少,降水量年内分布不均匀,干旱极易出现。当地居民有句生动形象的谚语是:"海岛美,气候爽,海水多,淡水少,十年就有八年旱。"据统计,1951—1993年的 43 年中,出现不同程度的气候干旱有 35 年,平均 1.2 年发生 1 次,其中造成群众饮用水困难的有 24 年(宋亚民,2001)。舟山水资源先天不足,又加上气候变暖带来的不利影响,如不采取有效措施,海岛水资源状况不容乐观。

6.3.2　措施

在"十一五"期间,舟山全面加大水利投入,积极开展水库加固、海水淡化、供水一体化等一系列水利基础设施建设,海岛人以前靠天用水的窘境已经被深深地改变。

(1)大力开展大陆引水应急工程建设(图 6.10)。舟山大陆饮水一期工程投资 3 亿元,引水规模为1 m³/s,年平均引水量 2160×10⁴ m³。工程 2003 年 8 月建成通水,日引水 6～8×10⁴ m³,有效提升了舟山市水资源的保障能力。2011 年 11 月舟山市大陆引水二期工程应急输水管道贯通,同时三期工程前期工作正式启动,该项目引水规模将达 1.2 m³/s。此外,舟山积极构建本岛和附近重要岛屿之间跨区域引水网络,已建成 4 处岛际引水工程,有效解决了重要岛屿水资源的供需矛盾,实现了水资源在更大空间上的开发利用和优化配置。舟山大陆引水工程的建成,在确保供水、调蓄抗旱、解决海岛应急用水方面发挥了重要作用,被舟山军民称为"海岛生命线"。

图 6.10　大陆引水工程建设现场

(2)开发海水代用和海水淡化工程建设(图 6.11)。舟山为全国最早开展海水淡化产业化应用的地区。近 20 年来,全市各地积极采用海水制冰、电厂等用海水作冷却,水产企业中大量使用海水作清洁洗鱼用水等途径,把海水代用逐步推广到各个领域。同时舟山充分利用海水资源实施海水淡化工程。1997 年 10 月,在嵊山建起全国第一座 500 t 级反渗透海水淡化示范工程,2003 年大旱时为嵊山岛居民提供了 60% 的饮用水。至 2008 年底,全市已投资 2.5 亿元,在重要岛屿建成海水淡化工程 12 处,海水淡化总能力 $2.84×10^4 t/d$。

图 6.11　嵊山海水淡化厂生产车间

(3)充分挖掘岛内蓄水潜力。舟山普陀区六横镇管委会投资了 4000 万元对库容 $10×10^4 m^3$ 以上的 15 座水库进行除险加固,并新建了五星平地水库和千丈塘平地水库,使全岛增加蓄水量 $135×10^4 m^3$,总蓄水量达到 $1200×10^4 m^3$。此外,还投资 3000 多万元实施饮用水工程,敷设了总长 55 km 的主干管道,把全岛主要供水水库相连,实现全岛供水一体化,这样,水资源相对紧缺的蛟头、龙山就可以得到更大范围的供水补充,而在多雨季节,联网的水库也可以实现更多的蓄水。

(4)节约用水,高效利用水资源。面对水资源供需矛盾不断加剧的现实,舟山坚持水源开发和节约用水并举,积极推进节水型社会建设,在全省率先开展了节水型社会试点县建设,取得了显著成效。同时从 2008 年始开展了大规模的城区居民家庭非节水器具改造,免费为 4 万多户城区居民家庭改造水龙头近 10 万个,坐便器内芯近 4 万套;并推广利用污水、再生水和非常规水,改造供水管网,推广节水技术(图 6.10 和图 6.11)。经过 10 余年的努力,舟山在实现国民生产总值连续快速增长的同时,用水量同比却以较小增幅上升。同时,随着水资源的节约利用,减少了污水的排放量,提高了水生态环境质量,节水效益不断显现(张叶烽,2005)。

2011 年 1—5 月由于持续少雨,舟山居民饮用水和农业生产用水均受到影响,5 月 27 日舟山市启动抗旱 Ⅱ 级应急响应,部分地区采取了限时供水、应急供水和送水等措施。但与多年前发生干旱时只能用渔船到上海、宁波等地装运淡水,以解决饮用水困难的情形相比,大陆引水工程及岛际水资源配置工程的加快实施,海水淡化工程的稳步发展,水生态环境的不断改善,有效应对了 2011 年的严重旱情,确保了供水安全。

6.3.3　评价

海天佛国,群岛之城,舟山作为我国唯一以群岛设立的地级市有着其独特的地理环境特点,也决定了"舟山发展水为先"这一长期不变的战略方针。彻底解决舟山地区的干旱问题,发展水利才是抗旱的硬道理和根本途径。

（1）将水利作为舟山地区基础设施建设的优先领域，加强调水工程的建设。一方面要抓紧建设临时解决人畜饮水的工程，另一方面要下定决心长远规划，投资远距离调水工程，彻底解决这些地区的干旱问题，不能老是临时抱佛脚。

（2）实施海岛分质供水和中水利用。优先保证优质水用于水质要求较高的生活等，中水等用于对水质要求不高的工业和市政等，提高重要用水户的抗旱能力。分质供水系统的实施可以充分利用当地现有不同质量的水资源，降低区外调水工程规模，减小工程代价。

（3）建立干旱防灾减灾预警体系。通过建立不同干旱指数来描述干旱，通过气象监测、水文监测和地下水监测来预报干旱，通过制定干旱规划来有效防御干旱。

（4）加强废水回收利用、地下水开采与含水层储水、海水淡化、控制废水污染、土壤保护、暴雨回收与地表水库建设等措施的制定与推行应用。可以借鉴新加坡等岛国的先进经验，加强雨水集蓄利用。雨水集蓄利用工程可随时随地进行，利用起来方便且快捷，具有适用性广、见效快、受益期长以及水的利用率高等特点（张开荣，2011）。

（5）加强海岛水污染治理和海水入侵问题的研究和治理，加强海岛植被建设。增强海岛土地涵养水源能力，提高海岛有限水资源抗旱能力，避免因水污染、海水入侵和植被差等问题降低抗旱能力。

（6）广泛开展节水措施宣传教育活动。大力宣传水资源利用和保护的重要性、迫切性，增强人们的节水意识；同时要坚持科学发展观，创新节水举措，推广节水技术；强调节水优先，新增供水设施或设备必须以提高水资源使用效率和管理水平为前提；新建供水和调水设施必须严格执行标准，充分考虑气候变化背景下工程对环境的不利影响；突出重点，加强耗水行业的节水管理，制定切实可行的节水法规和体制，对水资源浪费行为采取罚款措施，依法治水，依法节水。

参考文献

陈吉余，等. 2009. 2006年长江特枯水情对上海水资源安全的影响研究[M].北京:海洋出版社.

上海市水务局. 2009. 2009年上海市水资源公报.

宋亚民. 2001. 舟山群岛水文特性[J].水文，**21**(6):59-62.

徐盈，周金荣. 2012.向海洋要水－舟山打造海水淡化示范城市[J].浙江经济，(5):48-49.

恽才兴. 2010.中国河口三角洲的危机[M],北京:海洋出版社.

张开荣. 2011.福建省海岛抗旱对策研究[J].水利科技，(3):11-14.

张叶烽. 2005.节约用水:可持续发展的必然选择[J].经贸实践，(8):26-27.

第 7 章　长三角城市群适应气候
变化的应对措施

摘要：本章从三个层面来分析长三角城市群对策措施：第一层面是基于长三角城市群，主要从联合的角度来分析；第二个层面是地方政府层面，主要是基于制度制定者和管理者的角度来分析，包括制度、技术和工程；第三个层面是家庭和社区，主要是基于家庭和社区这一个城市组成的最小细胞来分析。

党的十八大提出要"把生态文明建设放在突出地位，融入经济建设、政治建设、文化建设、社会建设各方面和全过程，努力建设美丽中国，实现中华民族永续发展"，首次把生态文明建设与经济建设、政治建设、文化建设、社会建设并列提出，生态文明建设列入总体布局，"五位一体"地建设中国特色社会主义，体现了我们党关于生态文明建设的思想日益成熟，对生态文明建设的战略指导不断加强。中国政府确定了应对气候变化的三大任务，这就是减缓、适应和国际合作。随着气候变化加剧，长三角城市群受到的气候威胁逐渐加大，适应气候变化将成为政策制定的重要选择。上海在其"十二五"规划中提出要"积极应对气候变化，持续降低能耗强度，有效控制温室气体排放，确保完成国家下达的节能减排指标，促进经济社会绿色低碳发展"；江苏省"十二五"规划则提出"必须牢固树立绿色、低碳发展理念，坚持环保优先、节约优先方针"；浙江省"十二五"规划中同样也提出了"突出节能减排和提高资源利用效率，大力发展绿色经济、低碳经济和循环经济"的目标。可见，在长三角地区，降低能耗和碳排放、发展绿色低碳经济，将成为应对和适应气候变化必然之路。下面就气候变化的各个主体提出适应气候变化的对策措施。

7.1　长三角城市群适应水平与备灾之间的联系

城市群层面上适应气候变化的方法和政策能够扩大城市行动的影响。在城市群层次上，更高的技术与财政能力和环境知识会超出单个城市或者城镇的界限，更大规模的政策可以将不同城市实施的政策和规划联系起来。同时，城市气候政策管理的行政架构没有精确地限制在城市内部，城市之间经济交流、物质和能量的流动以及交通运输等会在多个城市间出现部分重叠。当气候政策超出了单个城市的界限，就需要跨城市间的行动（林而达等，2006）。

7.1.1　制定跨城市间的区域城市发展规划来应对气候变化

在长三角的城市群适应气候变化的城市规划中，应发挥上海核心城市的辐射优势，包括在气候预测、应对机制、政策推出等方面积累的经验，在各个城市中推广。同时，立足南京、杭州

2 个省会城市的政策和资金优势,在浙江和江苏开展适应气候变化的制度框架制定工作,同时在中小城市中开展试点工作,推动气候变化适应工作全方位、立体的开展。

7.1.2　建立应对气候变化的联合组织机构

为面对气候变化的危险,应成立应对气候变化领导小组,负责制定长三角城市群应对气候变化的重大战略、方针和对策,协调解决应对气候变化工作中的重大问题。为提高应对气候变化决策的科学性,成立长三角气候变化专家委员会,制定应对气候变化的相关政策措施,建立与气候变化相关的统计和监测体系,组织和协调本地区应对气候变化的行动。同时完善产业政策、财税政策、信贷政策和投资政策,充分发挥价格杠杆的作用,增加应对气候变化工作的财政投入。完善有利于适应气候变化的相关法规,依法推进应对气候变化工作。

7.1.3　推动城市群的经济、产业协调合作机制

气候变化对城市的影响是巨大的,包括经济、社会和环境各个方面,现在单一的城市规模不具备充足的内部资源和自身能力来调节和修复气候变化带来的危害和冲击,需要开展区域性合作,共同来面对气候变化带来的挑战。

从产业结构空间布局来看,长三角城市群各地区应综合考虑资源禀赋、市场需求和国家政策等因素,通过"错位"发展,"无缝"衔接,在产业互补的基础上增强区域竞争优势,打破产业结构同质化的"恶性"竞争格局。一些受气候变化影响的弱质产业,如物流、商贸服务、保险产业,应该统筹发展,以应对气候变化带来的冲击。

7.1.4　开展基于长三角的天气、水文和气候的信息共享平台建设

缺少充足的天气、气候、水文的监测及预测信息是城市不具备气候适应力和灾难风险管理能力的主要障碍。在长三角城市群这个大尺度范围来考量天气、水文和气候的信息更具科学性,因此,联合各个城市的技术力量和资金来共同预测和监测气候系统变化,获得更加准确的信息是适应气候变化的基础。

7.2　地方政府适应气候变化的应对措施

随着城市化进程加快,城市人口的增加,有越来越多的生态环境问题摆在人们面前。如何充分利用有限的城市空间资源,改善城市生态环境已成为人类刻不容缓的任务,而地方政府在适应气候变化过程中要起到统筹规划的作用(国家发展和改革委员会国家气候变化对等协调小组办公室,2004)。

7.2.1　建立适应气候变化型城市规划

在城市总体规划中,要把应对气候变化作为一项主要内容,应该要提出明确目标和具体措施来应对气候变化(姜允芳等,2012)。

(1)洪水风险防御。在大规模的开发中,结合景观特色去吸纳洪水,建立可持续的城市排水系统。确保房屋修建的选址高于潜在的洪水水位。增强建筑物外墙抗拒暴雨侵蚀的防护

能力。

（2）高温和热浪防御。将城市的通风和热量集中相结合。将"荫凉"和景观美化、公共空间的设计相结合。采取防止过量吸收太阳能的措施，比如遮光架和太阳能热水器。

（3）风灾防御。通过科学设计居民住宅，降低空气动力学的负荷，结合景观美化加强对大风灾害的防护。

7.2.2　推进城市基础设施建设

气候变化及其影响，尤其是极端天气气候事件作用强度和发生频率的不确定性，可能会使满足社会经济发展的基础设施受到影响（叶祖达，2009），保护现有的和未来的基础设施不受气候变化的影响是各国适应战略的重要方向。

关键的适应措施包括：识别并处理气候变化影响可能对基础设施产生的影响，分析电力、交通、通讯、水利基础设施以及其他关键的基础设施应对气候变化的脆弱性，并制定相应的风险管理战略，减少基础设施的脆弱性；与金融业和保险业合作，共享有关气候变化风险及其影响的统一数据，确定降低风险的适应行动，并找出保持城市可持续发展的途径。

对于长三角地区来说，尤其应加强对海洋海岸带生态系统的管理，增强对各种生态系统的保护。杜绝不合理的海岸工程建设，重视沿海及入海河流等的堤防工程建设，重点保护好海边的核电站和火电站等，提高沿海地区抵御海啸和风暴潮的能力。提高沿海城市和重大工程设施建设的安全标准，保障沿海地区的安全。

7.2.3　建立应对气候变化应急机制

加强对影响城市极端天气气候事件的监测预警能力建设，建立起气候与气候变化综合观测系统。建立极端天气气候事件与自然灾害的早期预警系统，从而更加有效地实现防灾减灾。建立相应的气象及其衍生和次生灾害应急处置机制。改进对有关应急服务信息的宣传，以提高公众对气候变化及其适应对策的认识。

7.2.4　构建绿色城市

应对气候变化，单靠少量的公园、自然保护区等点状、片状的局部保护，是无法起到格局上与宏观上的作用的，唯一的办法，是将整个自然生境连贯起来，将绿色基础设施真正作为可持续发展所必需依赖的"基础设施"来考虑，并通过规划设计来限制和引导人对自然地带的使用。

构造绿色基础设施网络，形成绿色基础设施网格的核心区、连接区和小型场地；其中核心区是指大片的自然区域的开放绿地。核心区提供大型、较少受外界干扰的自然生境，连接区则提供必要的生态廊道，也称廊道区，而小型场地则兼具小生境和游憩场所的功能。

形成包括绿道、湿地、雨水花园、森林、乡土植被等相互联系、有机统一的网络系统。系统自身可以自然地管理暴雨，减少洪水的危害，改善水的质量，节约城市管理成本。

7.2.5　提高低收入群体的保障水平

完善社会保障体系，提高社会保障水平，加大对低收入群体的帮扶救助力度。建立全覆盖的社会保障体系，尤其是完善针对低收入群体的社会保障制度，包括低收入群体的养老保险、医疗保险，提高最低工资水平和低保金。同时扩大政府对低收入群体的财政转移支付，给低收入群体发放必需的生活用品和电价补贴。

7.3　家庭和社区适应气候变化的应对措施

　　家庭和社区是城市的组成细胞,最小的有机组成成分;也是气候变化的最直接、最主要的承受载体;还是气候变化的各种制度、技术和市场调控手段最终的汇集体,检验各种制度手段的实践者(Leigh et al. ,2008)。家庭和社区还是具有学习能力的个体,积累了历史有益的适应气候变化经验。分析家庭和社区的应对措施,有利于完善适应气候变化政策的体系。

　　课题组在上海部分社区抽样调查发现,只有 32.7% 的受访者了解、听说或者参加过气候变化相关的宣传活动;88% 的受访群众认为,关注家人健康,加强营养和锻炼、增强疾病抵抗力是他们应对气候变化的首要措施,其次是选择低碳生活方式(如公共交通出行),为减缓气候变化和热岛效应做贡献,有 85% 的受访比例;调查同时还发现有 65.5% 的受访者认为自己不能应对气候变化。因此,家庭需要在提高自身气候变化认知能力、增加保护等方面降低气候变化带来的风险。

7.3.1　提高自身气候变化认知能力

　　在气候变化适应能力方面,认知是最重要的。由于缺少对适应能力的认识,更多人可能面临健康威胁和财产损失(王新哲等,2006)。因此,家庭应加强对气候变化的认知,积极参与到全球的气候变化、国家的气候政策、地方政府的气候适应行动的宣传和普及活动中。

7.3.2　增加自身适应气候变化保护措施

　　适应气候变化的保护措施主要有:①为个人和家庭购买医疗保险、车房的财产险;关注家人健康,加强营养和锻炼,增强疾病抵抗能力。②提高家庭设施抵御气候变化风险的冲击,如提高住宅的抗洪水能力,提高住宅冬天保暖和夏天降温能力,提高住宅的防雷能力。③选择低碳生活方式,开展屋顶绿化、阳台绿化和庭院绿化,发展绿色建筑也是居民适应气候变化的有效手段。

7.3.3　建立基于小区的气候变化适应的群众交流、宣传和培训平台

　　气候变化是一个缓慢变化的过程,居民作为一个长久在当地生活的一分子,在日常的生活过程中积累了不少宝贵的经验,建立一个交流和宣传平台,发掘群众的智慧,是家庭和社区层面适应气候变化的第一要务。同时,社区层面还可以组织多种形式的防灾救灾培训活动,如如何预防中暑,如何应对城市洪水和风暴潮给生产和生活带来的不利影响。

参考文献

Leigh Glover,孙旭东,陈燕秋. 2008.澳大利亚墨尔本市应对气候变化的措施[J].国际城市规划, **23**(5):50-55.

国家发展和改革委员会国家气候变化对策协调小组办公室. 2004.气候变化的影响与适应,中华人民共和国气候变化初始国家信息通报[M].北京:中国计划出版社,23-35.

姜允芳，Eckart Lange.2012.城市规划应对气候变化的适应发展战略——英国等国的经验[J].现代城市研究,(01):13-20.

林而达,等.2006.气候变化国家评估报告(Ⅱ):气候变化的影响与适应[J].气候变化研究进展,2(2):51-56.

王新哲,周珂.2006.应对气候变化的规划——对更好实践的建议评价(英)[J].上海城市规划,(2):52-56.

叶祖达.2009.城市规划管理体制如何应对全球气候变化[J].城市规划,33(9):31-37.

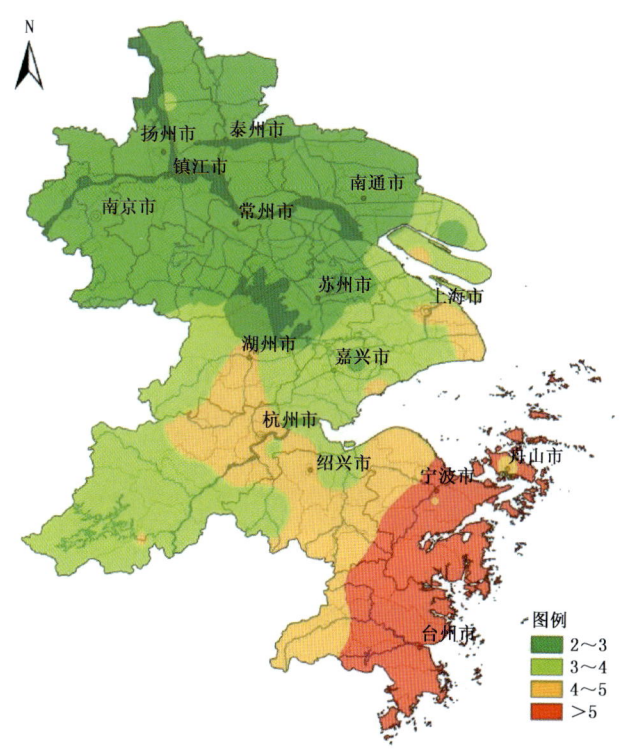

图 3.19　长三角地区影响台风频数分布(次/年)

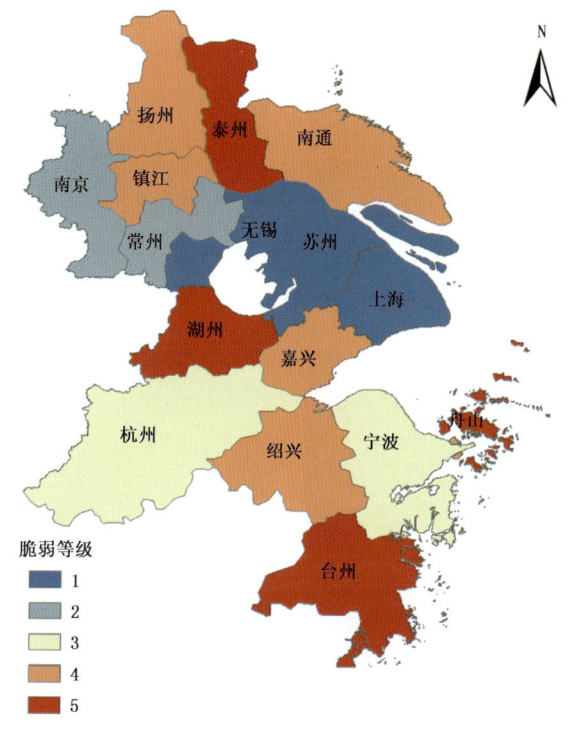

图 4.2　长三角地区 16 个城市气候脆弱等级分布图

图 5.7　2003—2011 年太湖蓝藻最大范围时次卫星图像
（资料来自国家卫星气象中心）

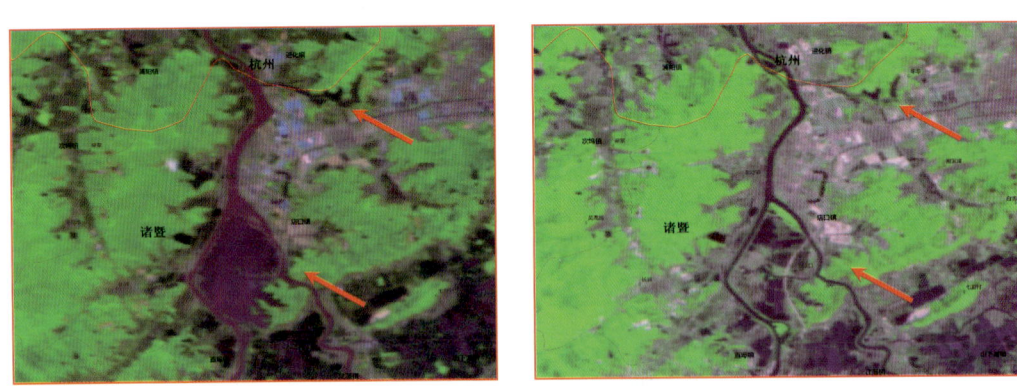

图 5.8　浦阳江诸暨段水体状况对比（左:2011 年 6 月 22 日;右:5 月 18 日）

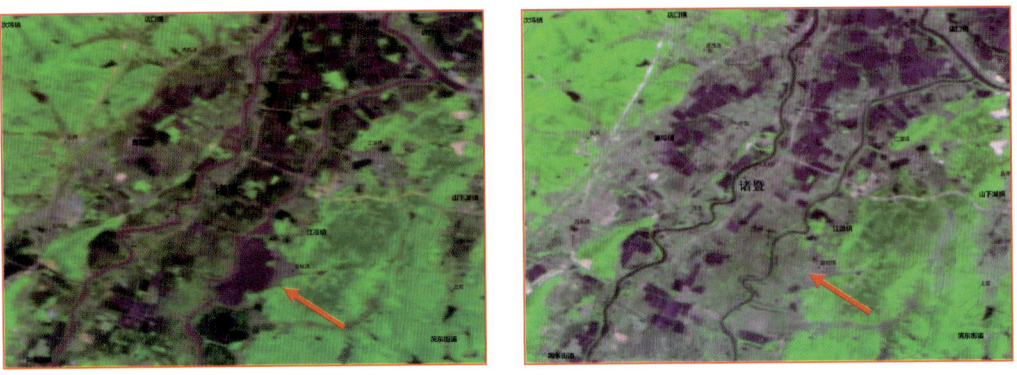

图 5.9　诸暨江藻镇附近水体状况对比（左:2011 年 6 月 22 日;右:5 月 18 日）

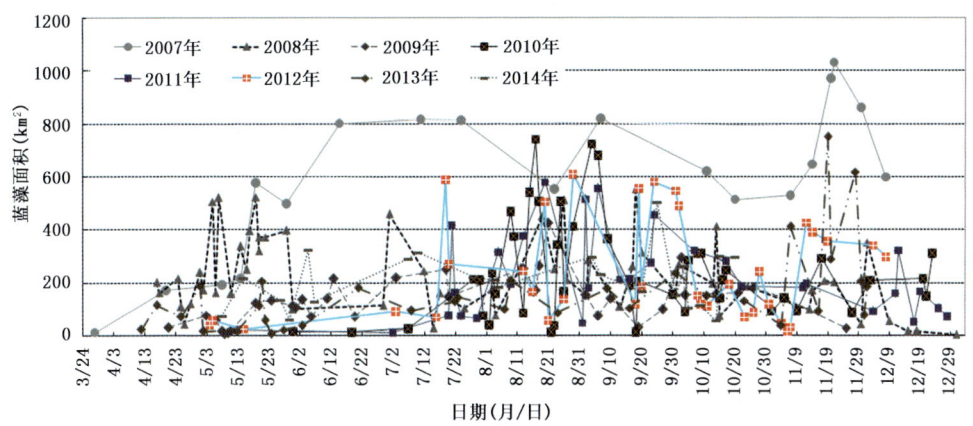

图 5.10　2007—2012 年同期遥感监测太湖蓝藻面积对比

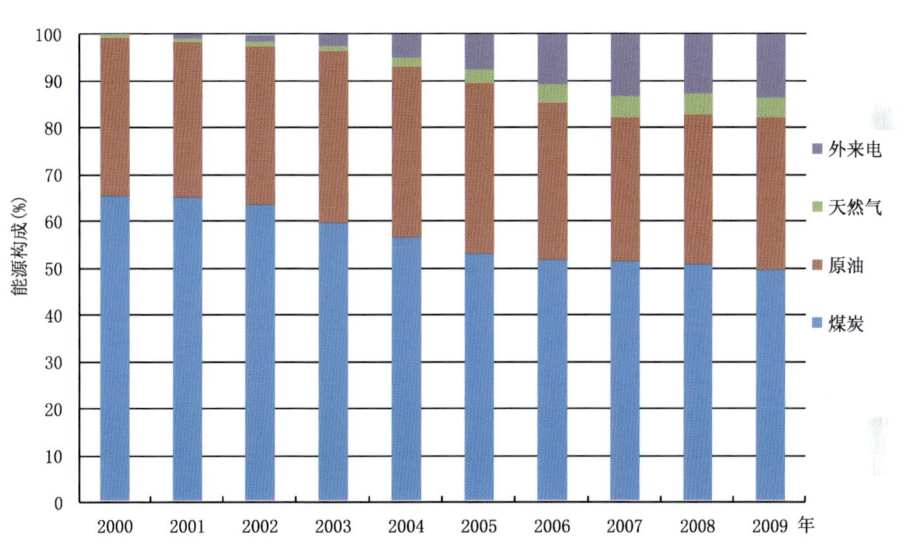

图 5.12　2000—2009 年上海一次能源构成变化趋势图(数据来自《上海统计年鉴(2001—2010 年)》)